Word

文稿之美

荣钦科技 / 著

清华大学出版社

北京

内 容 简 介

本书是一本全面介绍Word排版技巧和应用的实用指南。从初步认识数字排版到高效利用模板、图文配置和表格与图表的排版技巧，再到快速修正错误和保护文件，全面系统地讲解数字排版的技术和能力，还加入了ChatGPT用户的审稿、校对和修订，以提高书籍的质量和可信度，是体现Word文稿之美的佳作。

本书共含13章内容。第1章介绍印刷出版流程和印刷排版基础知识，以及Word在排版上的优缺点和不同的文件类型。第2章介绍页面布局的排版技巧，包括设计文件的版面配置和开始页面布局。第3章介绍文字建构的排版技巧，包括文字排版要点、文字与符号输入、建构其他文字对象等方面。第4~9章分别介绍文件格式化的排版技巧、样式编修的排版技巧、善用模板做排版、图文配置的排版技巧、文件内容图形化的排版技巧、表格与图表的排版技巧等内容。第10和第11章介绍长文件的排版技巧和快速修正排版错误等方面，第12章介绍打印、输出和文件保护等知识。第13章介绍利用ChatGPT协助Word高效排版。

本书注重实践，提供丰富的实例和练习，除可帮助读者应用文字处理和编辑外，还可以用于商务文档的制作、出版物的制作、学术写作、毕业论文的写作和排版等。

本书为荣钦科技股份有限公司授权出版发行的中文简体字版本。

北京市版权局著作权合同登记号 图字：01-2023-4999

本书封面贴有清华大学出版社防伪标签，无标签者不得销售。

版权所有，侵权必究。举报：010-62782989，beiqinquan@tup.tsinghua.edu.cn。

图书在版编目（CIP）数据

Word文稿之美 / 荣钦科技著. 一北京：清华大学出版社，2024.1
ISBN 978-7-302-64914-4

Ⅰ.①W… Ⅱ.①荣… Ⅲ.①办公自动化—应用软件 Ⅳ.①TP317.1

中国国家版本馆CIP数据核字（2023）第219629号

责任编辑：赵 军
封面设计：王 翔
责任校对：闫秀华
责任印制：宋 林
出版发行：清华大学出版社
　　　　网　　址：https://www.tup.com.cn，https://www.wqxuetang.com
　　　　地　　址：北京清华大学学研大厦A座　　　　邮　编：100084
　　　　社 总 机：010-83470000　　　　　　　　　邮　购：010-62786544
　　　　投稿与读者服务：010-62776969，c-service@tup.tsinghua.edu.cn
　　　　质量反馈：010-62772015，zhiliang@tup.tsinghua.edu.cn
印 装 者：三河市铭诚印务有限公司
经　　销：全国新华书店
开　　本：185mm×235mm　　　印　张：21.75　　　字　数：522千字
版　　次：2024年1月第1版　　　　　　　　　　　印　次：2024年1月第1次印刷
定　　价：89.00元

产品编号：103341-01

前　言 PREFACE

对于上班族或学生来说，使用 Word 处理办公文件或研究报告是必不可少的工作技能。无论是通知书、会议记录、表格、图表、宣传单、卡片、价目表、手册、网页还是书面报告，大多数人都会使用 Word 来制作和编排。然而，完成作品的美观程度却参差不齐。

文件的编排是否能给人以既专业又清新的感觉？文件的呈现是否具备良好的视觉效果且易于阅读？文件层级结构的表达是否清晰且统一，以确保读者与作者之间沟通顺畅？错误的修正是否能够迅速而准确地完成？这些都是在使用 Word 时的疑问。本书将提供具体的解答和说明。

本书的目标不仅是使读者对 Word 的掌握达到炉火纯青的地步，更重要的是让读者学会使用 Word 进行专业排版，实现 Word 文稿之美。通过本书的学习，读者将学会如何高效地利用已经熟悉的 Word 制作出具有专业水准的文件。为此，本书涵盖印刷流程、纸张开本、版面结构、装订裁切、文件类型、排版原则、页面布局、文本结构、样式设置、模板制作、图文编排、内容图形化、快速修正错误等上班族和学生必备的知识。本书归纳出了许多简单而实用的技巧和要点，并结合实际范例进行解说，旨在让读者轻松理解并掌握这些知识。结合已经熟悉的 Word 功能，读者将能够快速、轻松地制作和编排具有专业质感的文件。

本书秉持深入浅出、活学活用的风格，将 Word 排版概念与运用技巧融入各个章节中。通过本书的学习，读者将掌握正规的编辑和排版方法，并了解各种设计要领。这样，即使是繁复的编排，读者也能轻松而高效地完成，展现出独具匠心的版面设计效果。

另外，各个章节中也规划了实践单元，让读者真正从无到有地完成一本书的排版，包含文字处理、版面布局和编排、格式设置、样式应用、模板制作、图文设置、目录设计和封面设计等，亲身体验排版工作所遇到的各种问题，掌握解决问题的方法。

读者可扫描以下二维码下载本书用到的所有范例文件及其辅助文件：

如果读者在学习过程中遇到无法解决的问题，或者对本书持有意见或建议，可以通过邮箱 booksaga@126.com 直接与作者联系。

由于作者水平有限，疏漏之处在所难免，恳请广大读者批评指正。

想用 Word 进行专业排版吗？本书绝对是你理想的选择！

作　者

2023 年 12 月

目　录 CONTENTS

第3章 构建文字内容的排版技巧 ··· 47

第1章 Chapter 1

认识数字排版

数字排版是指通过计算机将文字和图像等素材融入排版软件中，使用软件所提供的各项功能和命令，诸如版面布局、文件格式、插入、文字/段落样式等，将文件内容编排成册，如图1-1所示。由于是通过计算机辅助来设计的，因此添加和删除文字内容或修改图形和图像都非常容易。

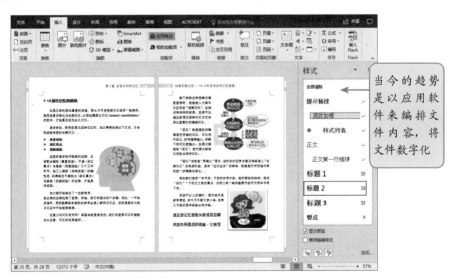

图 1-1

早期，文件和书籍的编辑与排版相当费时费力，必须经由美术设计人员先行将文稿内容输入并照相，再将相纸输出，利用美工刀来切割文本块，然后修剪、拼贴到终稿纸上，而线条图形则必须用黑色的马克笔来绘制，插图也必须经由照相处理，然后通过美工设计人员的美感与巧思，实时将照片粘贴到终稿纸上，经过如此繁复的步骤才能完成一张页面的编辑和排版。一旦稿件中的文字内容有所增减，就必须以美工刀切割移除错误的区域并进行修补，所以没有一双灵巧的手与细致的心，要完成完美的稿件是难以想象的。

如今文件的编辑和排版已经数字化，只要计算机中安装了数字编辑和排版的应用程序，熟悉这项软件操作的任何人，都能轻松按照个人的想法来编排图文，而且能将编排完成的文件通过打印机输出成纸质书的形式，甚至可以直接将文件转换成电子书的形式。

数字出版时代的来临让同一份文稿能够印刷成书，同时也可以以电子书的形式发行。不过，无论如何，美术编排还是一样重要，能够通过软件所提供的功能与命令，快速将书中的大纲和重点清楚地表达出来，同时让读者在阅读时能有赏心悦目和愉悦的感受。本书的内容就是探讨文件和书籍的编辑与排版技巧，让读者学会如何轻松自如地使用自己熟悉的 Word 程序来进行数字化的书籍编排。

1.1　印刷出版流程

采用数字排版，如果要将编辑的文稿出版成书，就必须对印刷出版的流程有所了解。如图 1-2 所示即为出版流程的大致说明。

① 作者定稿　② 美术编排与校正　③ 制版厂制版

④ 印刷/裁切/装订　⑤ 入库与上架

图 1-2

1.1.1　作者定稿

一本书的规划与出版，通常都由作者向出版社提出构想，列出书的大纲后，等出版社确认通过大纲，作者即可动工编写稿件。有的则是由出版社先行规划主题，再寻找该领域的专业人才进行编写。无论是哪种方式，写作内容完全是由作者或作者群定稿的，出版社大都处于辅助的角色，顶多是对语句加以润饰，若稿件内容有表达不清楚的地方，则会和作者先行讨论，再请作者进行修正。

1.1.2 美术编排与校正

当书稿内容编写完成后，出版者就会针对印刷方式、版面大小、印刷用纸、印刷色数等进行规划，同时指定负责的美术设计师或编排人员。如果作者提交的是手写稿件，除必须事先请人打字输入文稿外，若需要绘制插图或者照相摄影，则必须事先协调相关人员进行制作。

若作者提供的是电子稿件，则可以省下打字输入文稿的时间，直接把电子稿件转换成纯文本类型，方便将来应用新设置的字体格式与样式。书中的插图通常使用 TIFF 图像格式，若是彩版印刷的书，则会将图像文件预先转换成 CMYK 模式，再存储成 TIFF 格式。

接下来，美术设计人员会按照出版社的规划来进行版面的设计与编排。这里包含页面方向、版面尺寸、页边距的设置、章名页、书名、章名、页码等的设置。另外，还有段落样式与字体格式的设置，以便快速应用到大小标题与正文中，让书页看起来既条理分明又易于阅读。

在编排人员用编辑软件将书稿编排完成之后，会先提供给作者进行第一次的校对工作，以便把原稿中的错误或编排时的错误找出来，进行稿件修正后，接着编排人员会把书名页、目录页、序言页、版权页等内容一并加入，再进行第二次的校对工作。美术设计人员也会对封面进行设计，而出版社则是进行出版物的 ISBN 申请。如果所编排的文稿只需进行少量的印制，如毕业论文、研讨会资料等，则直接使用激光打印机打印输出即可。

1.1.3 制版厂制版

稿件编排与校正完成后，接着会提供给制版厂进行制版或拼版。当排版文件导出成 PostScript 或 PDF 文件后，经 RIP（Raster Image Processor，光栅图像处理器）进行点阵化处理，把文件转换成 1-bit 格式的网版文件，之后就可以进行打样了。

打样就是最后印刷成品的样本，此阶段是稿件的最后确认阶段，一般会送给客户做校稿，校稿后如果有错误，还要再进行修正定稿，稿件若校对完毕，则称为清样，确认无误即可进行晒版和印刷。

1.1.4 印刷/裁切/装订

印刷的方式有很多种，就印刷的特性来分，有凸版印刷、平版印刷、凹版印刷、网版印刷（丝网印刷）4 种。教科书、杂志、海报、报纸、彩色印刷等通常选用平版印刷，因为平版印刷的制版简便、成本低廉、套色装版精确，且可承印大数量的印刷。一般的四色机、双色机、单色机、快速印刷机等都属于平版印刷。

就书籍的印刷来说，包含内页与封面的印制。通常封面都会使用彩色印刷，有的还会在表面加工处理，像是局部上光，使封面显现不同的质感。内页按颜色可分为单色印刷、套色印刷、彩色印刷等，要选择哪种颜色印刷则要看书的内容或基于价格的考虑。

对于重要的印刷项目，印刷厂还会请客户看印，如果没有问题，就会进入后加工阶段。装订厂会通过折纸机折叠印刷好的纸张，经配页处理把页码排定，接着就会进行裁切、上胶、装帧、糊封等处理，最后送上裁纸机裁切书口和上下端，完成一本书的制作。

1.1.5 入库与上架

书籍制作完成后，出版社或经销商会先将成书入库，接着寄送样书到各渠道商，渠道商采购下单后才会将成书上架，而从入库、铺书到网络书店和实体书店的上架，通常需要3~4周的时间。

在数字出版时代，书的出版已经变得容易许多，如果大家有独到的观点想要宣传给其他人，想通过出版物的流通与他人分享自己的创作，那么自费出版的方式也是可以考虑的。尤其是如果你懂得使用编排程序来进行书页的编排，就可以把编排的费用省下，同时成书出版发行的速度会更快。

1.2 印刷排版的基础知识

了解印刷出版的流程后，本节来介绍一下排版的相关知识，如印刷用色、纸张规格、书的结构等。

1.2.1 印刷用色

在印刷颜色方面，大致上可分为彩色（四色）印刷、专色印刷、单色印刷等。

1. 彩色（四色）印刷

彩色印刷又称为"四色印刷"，是指使用 C（青色）、M（洋红）、Y（黄色）、K（黑色）4 种标准油墨来印制颜色，每一种油墨的数值由 0% 到 100%，这 4 种油墨会因颜色比例的不同而呈现不同的色彩。一般来说，如果印刷的内容包含多种复杂混合的颜色或有渐层的颜色，那么大多会选用四色印刷的方式，而一般印刷品大多以四色印刷为主，除非是有特别的设计或成本的考虑，才会选择单色、双色或专色印刷。

2. 专色印刷

专色不同于 CMYK 四种油墨调和的方式，它是加入特殊成分调和而成的颜色，印刷上指的专色几乎是以 PANTONE 作为基准，这是因为绝大多数的 PANTONE 色卡是无法使用 CMYK 四色来取代的，必须通过人工特别调制才能产生，像是金色、银色、荧光色都属于专色。

选用专色在输出制作过程中会产生一张色片，利用单色印刷机印刷就可完成单色印刷。若需要使用单色印刷机印刷两次，则是双色印刷，如果印刷品中只需 1、2 种颜色或指定特别的颜色，大多选用 PANTONE 的色卡。

3. 单色印刷

顾名思义，单色印刷就是使用一块色板，也就是使用一种油墨印制印刷品，其中包括使用 CMYK 中的一色进行单色印刷，也可以使用单一的专色来进行印刷。

在印刷上，多加印一种颜色就要多付一次的印刷费，而选用单色或双色印刷的最大考虑就是省成本，通常应用在简单的 DM、传单、文具用品、包装盒上，或使用在企业 LOGO 的标准色上，一般书籍的正文也是以单色印刷为主，而且多是以黑色为标准的印刷色。

1.2.2 纸张规格

印刷用的纸张规格主要分为两种（国际标准），一种是 ISO A，另一种是 ISO B。其中全开规格以 A1（全开）作为代表，将 A1 规格的纸张对折就变成 A2（2 开）规格，以此类推，如图 1-3 的左图所示。同样的纸张切割方式，ISO B 的全开规格为 B1，对开的规格则为 B2，以此类推，如图 1-3 的右图所示。

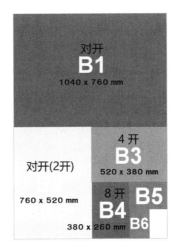

图 1-3

通常在进行书的规划或版面设计时，大多会配合纸张通用的标准尺寸来进行书页的编排设计。以出版界为例，开本或开数是对书大小的通称，如 16 开尺寸为 190mm×260mm，32 开尺寸为 130mm×190mm。如果要使用特殊的尺寸比例，就要参考上面的纸张规格，避免裁切过后剩下的纸过多而造成浪费和成本的增加。

1.2.3 书的结构

一本书通常由好几个部分构成，从事书刊的工作当然要对书的内外结构有所认识。这里先对书的外部结构简要说明，如表 1-1 和图 1-4 所示。

表1-1

名 称	说 明
书顶	书的顶端，即上切口
书根	书的底部，即下切口
封面	书的外皮，用以显示书名、作者、出版社、书的特色等相关信息
书脊	书的封脊，靠近书的装订处，无论是平装书或精装书本，书脊通常显示书名、作者姓名、出版社等信息。当书排列在书架上时，可以通过书脊上的信息来快速找到书
封底	显示书的重点、出版社的联络信息、书的条形码、价格等相关信息
书口	书打开的地方，又称切口（还包含书顶的上切口和书根的下切口），通常会用裁切机裁切平整

图 1-4

书的内部结构如表 1-2 和图 1-5 所示。

表1-2

名　称	说　明
衬页	粘贴在书版内面的空白页,可以使封面更为坚固的纸页
扉页/蝴蝶页	书的第一个印刷页,通常会显示书名、作者、出版社等信息
版权页	显示书的版权信息,包括著作者、丛书名、出版商、发行者、印刷者、出版地、出版日期、版次、售价、国际标准书号(ISBN)等相关信息,通过版权页可以让读者了解一本书的基本信息
序/前言	正文前的文字说明,通常是作者陈述该书的缘起、动机、写作宗旨、大纲重点,以引导读者阅读。另外,序多是由作者的师长或该领域的专家所撰写的评论或读后感言,目的在于推荐该书
目录	记载该书各章节名称以及起始页码,方便读者快速了解该书的结构,或用于查询各章节的主题
正文	图书内容的主体,用以传达作者的理念
附录补充或参考资料	附在书最后的文字或图表,用来提示一些与正文有关的信息,但不便直接加入该书章节中的资料,方便读者参考

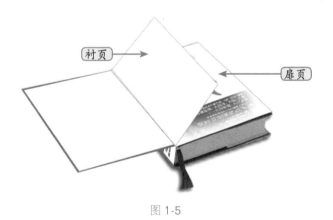

图 1-5

1.2.4 版面结构

在版面结构方面,有跨页和单个页面两种形式,每个页面又可划分为天头、地脚、内、外等区域,页眉和页脚区域用以放置书的名称、章节标题、页码等相关的必要信息,中间则为正文(内文)编辑区域,又称为版心,用以放置正文和解说的插图。版面形式又简称为版式,通常在书的编排前就会预先设置完成。如图 1-6 所示便是跨页的版面形式。

图 1-6

如图 1-6 所示的版心就是文稿编排的区域，此区域除大小标题用来让读者了解章节的重点外，每个段落都由一行行文字组成。段落与段落之间可插入解说的图片和说明文字，这样在长篇文字的阅读中视觉效果会更好，如图 1-7 所示。Word 文件便是由这一个个页面所组成的。

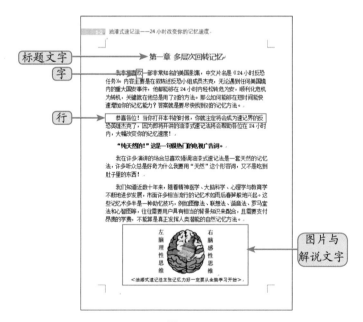

图 1-7

1.2.5 出血设置

当印刷品或书的页边界并非白色时，在设计稿件时就会将该色块加大到页边界以外的区域，通常是增加 0.3~0.5 厘米的长度，好让纸张在进行裁切时，不会因为对位不够精确而在页边界处显示未印刷到的白色纸张，这样画面才能完整无缺。所以只要是设计满版的出版物，一般都必须加入出血的区域。如图 1-8 所示的深色区域，比纸张的边界要大一些。注意：出血是一种印刷业的术语，纸质印刷品所谓的"出血"是指超出版心部分印刷。

图 1-8

1.2.6 刊物版面计划

刊物出版前，出版社通常会先拟定刊物出版计划，例如刊物的目标对象、发行量、印刷方式、发行方式、总页数等，接着美术编辑会考虑刊物的版面形式，如刊物尺寸、封面风格、各单元的设计、内页编辑、字段设置、文字排列方式、标题 / 正文的样式设置等，以作为发行前的版面核验或确认，并作为刊物编辑时的依据。

1.3 用 Word 进行排版的优点和缺点

对于上班族或学生来说，大家都会使用 Word 来编排简单的文件，例如履历表、菜单、信件、信封、封面、报告、贺卡、邀请函、折页册子、名片等。使用 Word 处理办公文件或研究报告更是人人必会的工作技能。由于 Word 所提供的功能相当多，对于图文的编排而言易如反掌，只要熟悉 Word 的功能，大多数人都可以轻松通过鼠标的操作来编排出具有专业水平的文件。

然而，提到专业图书或杂志的排版，很多人对 Word 倒是不屑一顾，认为当今要完成专业的数字排版就应该使用 Adobe 公司的 InDesign。早期被广泛使用的排版软件还有 Quark Xpress、CorelDRAW、PageMaker 等，因为这些排版软件大多是美术系或设计相关专业必定教授的软件，能与绘图软件整合运用，适合用于彩色印刷，而且印刷的颜色精确度较高，所以从事美术设计的人员会选用这些软件作为数字排版软件，而把 Word 定位为文字处理软件。

使用 Word 进行数字排版有什么优点和缺点呢，下面简要说明一下。

1.3.1 用 Word 进行排版的优点

由于 Office 办公软件相当普及，几乎所有安装 Windows 操作系统的计算机都会安装 Word 程序，Word 和其他专业排版软件相比更容易获得。此外，Word 排版还具备以下优点：

- Word 和 PowerPoint、Excel、Outlook 是微软 Office 软件包之一，由于操作界面大致相同，因此只要熟悉其中的一套，其他软件也能够快速上手。
- Word 以选项卡方式显示各项功能和命令，图标按钮式的功能清楚易懂、易操作。
- Word 拥有较优的文字处理能力，执行速度比其他排版软件快。
- Word 拥有宏的功能，对于 Word 并未提供的排版功能，用户可自行使用 VBA 来处理。
- Word 的"视图"菜单提供了多种视图模式，"大纲"模式可方便查看文件的完整结构，"页面视图"则显示所见即所得的页面。另外，还有"导航"窗格，想要通过标题或页面进行搜索更是易如反掌，通过不同模式能以多重角度来查看文件，如图 1-9 所示。

注意

Windows 里新的用户界面大量采用 Tab 形式替代以前的菜单方式，本书统一把 Tab 称为"选项卡"，市面上有些书将 Tab 称为"标签"，在这个语境下其实是一个意思。不过，为了避免混淆，本书的标签有其他的意思，要特别注意。

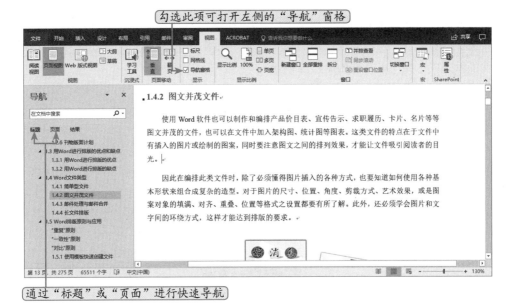

图 1-9

1.3.2 用 Word 进行排版的缺点

和 InDesign、Quark Xpress 等其他专业排版软件相比，Word 提供的颜色选择较少，而其他专业排版软件拥有较好的组织版面与页面控制功能，且颜色功能较强，适合进行多颜色的编排，也可分色输出。另外，页面尺寸如果稍大一些，Word 也无法处理。除此之外，Word 的颜色模式为 RGB 模式，较适合在计算机屏幕上显示，而一般四色印刷则是采用 CMYK 颜色模式，因此以 Word 输出成彩色文件时，容易发生色偏或不饱和的情况，黑白印刷则无影响，因此采用黑白颜色印刷的书籍选用 Word 来排版最合适。

1.4 Word 文件类型

Word 文件是由文字和图片、表格、图表等元素所组成的，因此预先了解要编辑的文件类型与具体编排任务，可以选择最恰当的排版方式，让编辑过程更快、更完美。下面具体介绍 Word 文件类型。

1.4.1 简单的文件

大家最初学习 Word 时，通常都是用 Word 来编辑简单的文件，像是会议记录、说明文件、个人简历、日常任务记录表等（见图 1-10），因此只要会输入、编辑和修改文字，接着选取文字内容进行字体格式或段落的设置，最后使用 Word 表格功能来建立与设置表格外观，就可以完成这类简单文件的制作与编排。

图 1-10

1.4.2 图文并茂的文件

使用 Word 可以制作和编排产品价目表、宣传单、卡片、名片等图文并茂的文件，也可以在文件中加入组织架构图、统计图等图表。这类文件的特点在于文件中有插入的图片或绘制的图案，同时要注意图文之间的排列效果，才能使其内容吸引阅读者的目光。

因此在编排此类文件时，除必须掌握图片插入的各种方式，也要知道如何使用各种基本形状来组合成复杂的造型。对于图片的尺寸、位置、角度、剪裁方式、艺术效果及图案对象的填充、对齐、重叠、位置等格式的设置都要有所了解。此外，还必须学会图片和文字间的环绕方式，这样才能达到排版的要求。如图 1-11 所示为这类文件中的一些例子。

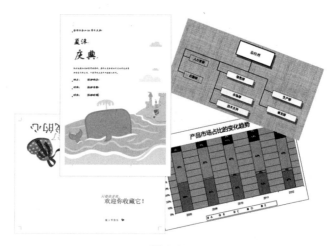

图 1-11

1.4.3 邮件处理与邮件合并

在办公文件处理方面，经常需要寄发一些内容格式相似的文件，如录取通知单、会议邀请函、会员通知信函等。制作这类批处理文件，通常会使用 Word 的邮件合并功能，只要预先制作好一份包含相似内容和格式的主文档以及一份列有收件者信息的文件，就可以将两份文件进行邮件合并，进而自动产生多份文件，如图 1-12 所示。

图 1-12

1.4.4 长文件的排版

在学术界或出版公司，使用 Word 来编辑和排版（简称编排）长篇文件是常有的事，少则十多页，多则数百页，如图 1-13 所示。针对论文或书籍的编排，如果想要加快编排的速度，对于页面设置、样式设置、页眉和页脚信息、目录、索引、模板、查找和替换等功能就要多花一些时间来了解，如此才能让排版之路变得简单、容易。

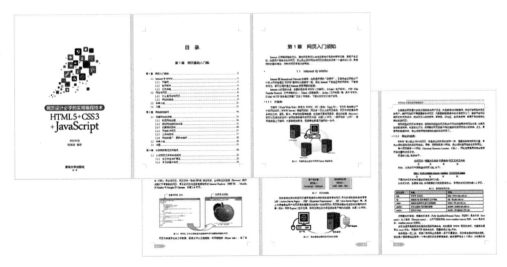

图 1-13

1.5　Word 排版原则与应用

使用 Word 进行排版时，为了提高文件排版的效率，同时让整份文件具有统一的风格，"重复""一致性""对比"原则是不可或缺的。

1. "重复"原则

"重复"是指页面中某个元素反复出现多次，这样就可以营造页面的统一感，并增加吸引力。

2. "一致性"原则

"一致性"就是要确保同一层级或同类型的内容具有相同的格式，文件就会整齐划一。

3. "对比"原则

"对比"是指元素与元素之间的差异性要明显一些，这样才能显而易见。例如，大 / 小标题的字体、颜色或大小的对比要强烈一些，这样就比较醒目且易于识别。标题、正文、页眉和页脚信息也要明显不同，让阅读者可以清楚辨别。

事实上，通过 Word 的"模板""样式""主题"等功能就可以快速实现这 3 个原则，同时省下许多编排的时间。

1.5.1　使用模板快速创建文件

模板是文件的基本模型，它的格式为 *.dot 或 *.dotx，模板中可以预先设置好文件的版面布局、字体格式、段落样式、快捷键等内容，只要存盘时将"保存类型"设为"Word 模板"就可以生成模板。当用户使用模板创建新文件时，新文件就会自动包含所有已设置好的格式内容，省去重新设置的麻烦，也能确保所有文件的一致性。所以在编排整本书时，大家要善用"模板"的功能。

除自己设置的模板外，在 Word 新建文件时，也提供了各种联机模板可以选用（见图 1-14），借助这些模板可以加速各种图文并茂的文件的编排。

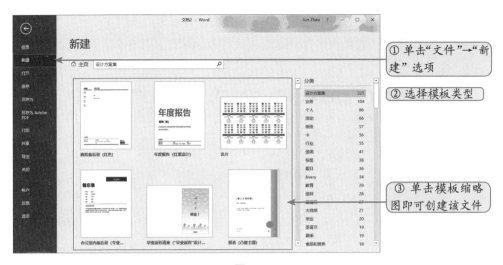

① 单击"文件"→"新建"选项

② 选择模板类型

③ 单击模板缩略图即可创建该文件

图 1-14

1.5.2 应用样式快速格式化文件

编排长篇文件时，文件中会通过大小标题来显示文章的大纲与段落的层级，如果每个大小标题都要从无到有设置格式，就会增加很多机械性的重复步骤而降低工作效率。而应用 Word "样式"功能，只要设置一次，之后就可以直接应用（或称为套用），而且最大的优点是一旦修改样式，分布在文件各处的同一样式就会自动同步修改，如图 1-15 所示。

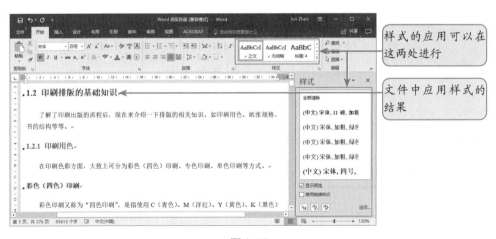

样式的应用可以在这两处进行

文件中应用样式的结果

图 1-15

1.5.3 使用主题快速格式化文件

当我们要应用联机的各种模板时，在"设计"选项卡中还会看到"主题"功能选项，每一个主题功能都会使用一组独特的颜色、字体和效果,让用户可以建立一致的外观与风格。这套完整的主题颜色与格式集合可以快速建立具有专业水平又具有个人风格的精美文件,如图 1-16 所示。

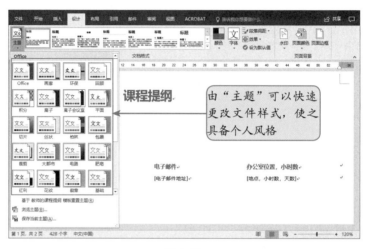

图 1-16

另外,单击"设计"选项卡中的"颜色"按钮就可以更改主题的颜色。如图 1-17 所示,下拉列表中提供了各种不同的调色板,单击调色板即可快速更改文件中使用的所有颜色,以使文件的外观协调、美观。

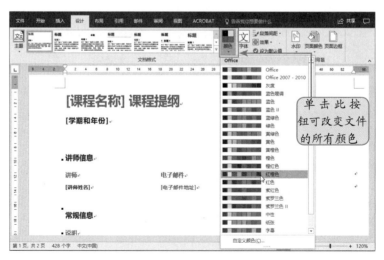

图 1-17

1.6 Word 环境概览

当大家对 Word 排版的优点和缺点、Word 文件类型以及 Word 排版原则与应用有了深一层的认识后，下面继续为大家说明 Word 环境的外观，这样无论是新手还是老手，当笔者在说明某处功能时，大家就能快速找到。单击 Windows 的"开始"按钮，打开后从中找到并单击 Word 2016，即可启动 Word 程序。其窗口界面如图 1-18 所示。

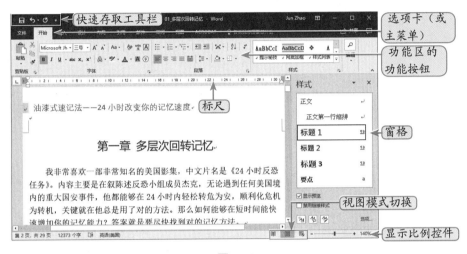

图 1-18

1.6.1 选项卡与命令按钮

选项卡替代了早期的菜单，以选项卡方式显示用以区分不同的核心工作，如开始、插入、设计、布局等。选项卡内又按功能分别将相关按钮组合在一起，例如"开始"选项卡将常使用的功能放在最明显的位置，让用户在编辑文件时可以更快速地找到所需的命令按钮（或称为功能按钮），如"剪贴板"功能分组包含剪切、复制、粘贴、格式刷等命令按钮。每个命令按钮都采用直观的图标，即使没有选项卡的提示，用户也可以"按图会意"，如图 1-19 所示。

图 1-19

在默认状态下，选项卡及其下方的功能区按钮会同时显示出来，如果想要有更多的编辑空间，单击选项卡右下角的 ⌃ 按钮，就可以隐藏选项卡下的命令按钮，让窗口只显示出选项卡的名称。或者直接双击选项卡名称，即可隐藏或显示下方的功能区，如图 1-20 所示。

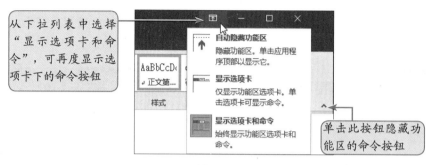

图 1-20

1.6.2　快速访问工具栏

快速访问工具栏是将常用的工具按钮直接放在窗口左上端，从左到右依次为"保存""撤消""恢复"，方便用户直接选用。若单击 ▾ 按钮，还会显示其他尚未被勾选的命令或功能，如新建、打开、通过电子邮件等。如果想要自定义其他常用的命令按钮到快速访问工具栏上，可从下拉列表选项中则"其他命令"。如果是 Word 2019 版，可以看到如图 1-21 所示的界面。如果是 Word 2019 之后的版本，例如 Word 2021 版，那么所看到的界面略有不同，如图 1-22 所示。

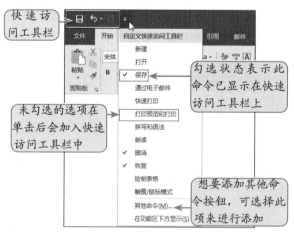

图 1-21

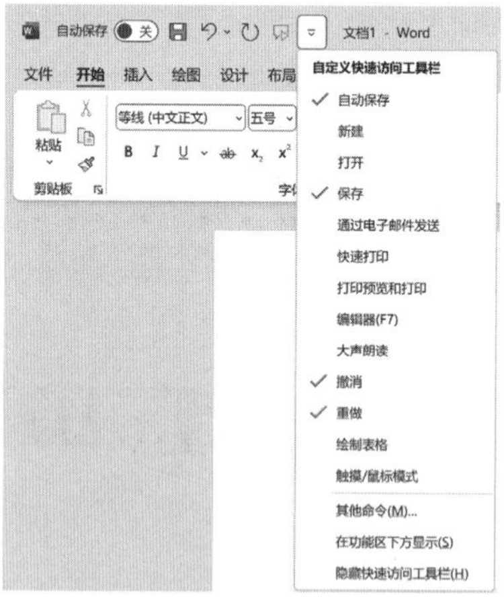

图 1-22

1.6.3 窗格

"窗格"通常镶嵌在窗口的左右两侧，以"开始"选项卡为例，单击"样式"旁的 按钮会在右侧显示"样式"窗格，而单击"剪贴板"旁的 按钮则会显示"剪贴板"窗格，如图 1-23 所示。若单击"视图"选项卡下的"导航窗格"，则在左侧打开"导航"窗格。如图 1-24 所示。

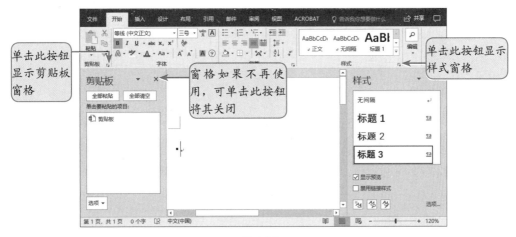

图 1-23

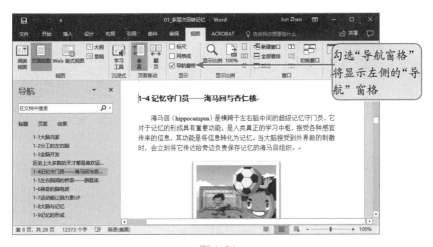

图 1-24

通过窗格可以快速选择想要执行或应用的命令，无论是样式、剪贴板还是导航窗格，适用于编排长篇的书稿。例如在"导航"窗格，只要单击标题就可以立即显示该页面；想要应用任何样式，可立即在"样式"窗格中选择；经常用到的图形或文字可通过剪贴板加以收集，以便在编排时快速复制与粘贴。

1.6.4 标尺

在"视图"选项卡中勾选"标尺"选项，可在文件上方显示水平标尺（见图 1-25），左侧显示垂直标尺。勾选标尺后，水平标尺上可设置制表位、首行缩进、左边缩排、右边缩排的位置，或移动表格框线，也可以当作文件中各种对象对齐的一个基准标尺。

图 1-25

1.6.5 显示比例控件

窗口右下角的显示比例控件可以快速控制文件内容的放大与缩小。除直接拖曳中间的缩放滑块来控制缩放的大小外，单击"-"按钮将缩小，单击"+"按钮则放大，如图 1-26 所示。单击最右侧的缩放比例，还可以打开"显示比例"对话框，进行多个选项的显示设置。

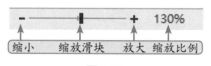

图 1-26

1.6.6 视图模式切换

在窗口下方除显示比例的控件外，还提供了 3 种视图模式的切换，从左到右依次是"阅读视图"、"页面视图"、"Web 版式视图"。

编辑文件通常使用"页面视图"，因为它会显示实际编排的版面，如边界位置、格式设置、图文编排效果等，让用户充分掌握文件打印的外观和结果。

如果想要查看文件在网页上所呈现的效果或文件中有较宽的表格，那么适合选用"Web版式视图"。

"阅读视图"主要用于视图或读取文件正文，因此窗口上方只会显示"文件""工具""视图"3 个选项卡，单击"视图 / 导航窗格"命令按钮后，即可通过左侧的"导航"窗格使用各个标题或页面的缩略图进行快速切换，如图 1-27 所示。

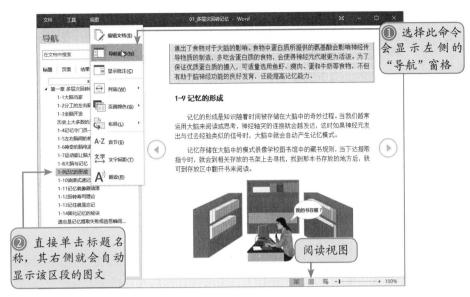

图 1-27

在 Word 2021 版及之后的新版，提供了 4 种视图模式的切换，而且模式的命名也变了。从左到右依次是"专注模式" (Word 新版增加的视图模式)、"选取模式" (在 Word 以前的版本中叫"阅读视图")、"打印布局" (在以前的版本中叫"页面视图")、"Web 版式" (在以前的版本中叫"Web 版式视图")，如图 1-28 所示。

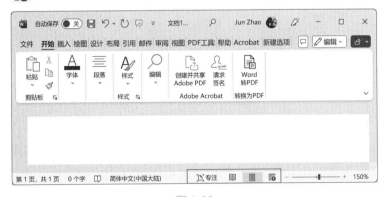

图 1-28

至此，我们已经将数字排版的基本概念以及 Word 操作环境介绍完了，下一章开始介绍页面布局。

第2章 ← Chapter 2

页面布局的排版技巧

在商业设计或美术排版上，页面设计是视觉传达与营销的重点之一，设计师通过良好的页面设计与图文编排（见图2-1）搭建起了书与读者之间沟通的桥梁，除建立读者的信任外，也让读者在翻页阅读中享受书所要传达的宗旨与精神。

不同的页面布局和编排呈现的效果与视觉感受也不同

图 2-1

在学术界或出版界，使用 Word 编辑长篇文件时，页面的布局与设置更是在一开始就要确认，才能进行之后的书册编排。本章就来说明一下页面布局与设置的要领。

2.1 页面布局要领

要进行专业的排版，除要了解页面的基本要素外，如何布局版面也必须知道，本节将和大家探讨布局的技巧，让页面看起来赏心悦目。

2.1.1　页面构成要素

书刊中的"页面"通常包括图文部分和留白部分，即包括版心和其版心周围的空白区域。第 1 章提到，版面的结构包含版心、页眉、页脚、天头、地脚、页边界等部分，Word 页面的构成要素当然也包含这几项，如图 2-2 所示。

图 2-2

- 版心：中间区块是图与文的编辑区域。版心的大小与书的开数有关，版心小则容纳的文字量少，而且会因为设置的字体大小、字间距、行间距、段落与段落的间距而有所差异。
- 页眉 / 页脚：版心以上和以下的区域，一般页眉也称为"页首"，而页脚也称为"页尾"。它们常用来显示文件的附加信息，如书名、章节标题、文件标题、文件名、公司标志、页码、作者等信息。
- 天头 / 地脚：在页眉或页脚输入内容后，页眉以上或页脚以下的空白区域。通常天头大于地脚的视觉效果较好，如果天地留白的空间不够多，就会让人感觉拥挤而不舒服。
- 边界：一般是指版心的 4 个边界到页面的 4 个边界的区域。当然包括页眉、天、地、内、外等区域。

2.1.2　布局舒适性的考虑

书内的页面是读者和作者之间沟通的桥梁，如果内页的编排清晰，并将视觉干扰降到最低，就可以让读者在舒适而愉悦的心情下吸取知识，同时更好地释放读者的理解力。

要让页面布局能够具备舒适性，考虑的方面很多，这里提出一些供大家参考：

- 注意设计风格的呈现，同时要让重点突出、主次分明、图文并茂，尽量把读者最感兴趣的内容和信息放在最重要的位置。

- 颜色方面能与主题形象统一，主色调与辅助色不宜过多，并且明亮度尽量能确保读者阅读时的舒适度。
- 图片展示要注意比例的协调、不变形且画面清晰易懂。
- 文字排列方面要让标题与正文明显分开，段落要清晰，而字体尽量采用易读的字体，避免文字过小和过密而造成读者眼睛的疲劳。
- 中英文字体的搭配要协调，正文字体通常搭配较细的英文字体，标题选用较粗的字体，不要用细的中文字体搭配粗的英文字体，看起来会不协调。
- 图文并排时要考虑图文间的距离，不可过于紧密或松散。
- 页面过宽时可以考虑分栏的处理，避免页面过长而影响阅读。
- 表格主要是让复杂的信息更易于理解，所以设置表格的行列颜色或单元格大小时，要考虑到读者对信息的接受度与理解力。

2.1.3 视觉中心的构建

视觉构建的主要依据是书的主题，再进行内页的版面设计，不同的表现手法会呈现不同的视觉和心理感受。如果期望阅读者能够迅速投入所设计的情景中，同时使得主题的内容在不知不觉中感染读者，那么设计时最好能进行多方面的尝试，这样才能呈现多样的风貌。

一般来说，点、线、面是构成视觉效果的基本要素，在版面编排上，一个页码、一个文字可以视为一个"点"，一行文字、一行空白可视为一条"线"，一个段落、表格、图片可视为一个"面"。通过这些点、线、面的组合搭配，就可以产生千变万化的版面效果，如图 2-3 所示。

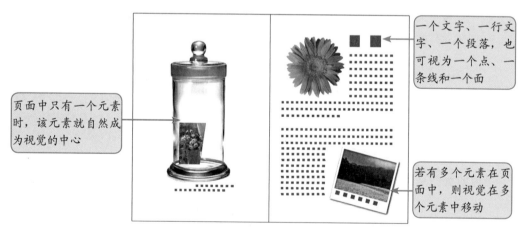

图 2-3

页面的视觉中心并不一定在页面中央，而是页面中最能激发读者阅读情绪的视觉点，如图像、插图等都是较为抢眼的元素。假如页面中只有一个元素，这个元素自然会成为视觉的焦点。如果有两个元素，视线就会在这两个元素间来回移动。在编排页面时，只要不影响文稿的顺序，一定要注意点、线、面的整体和谐与安排，而版面设计就是围绕视觉中心来设计页面的外观，让读者的视线能随着自己建立的视觉流向来移动。

2.1.4　版面的平衡法则

排版人员在设计版面时，除要抓住视觉中心，构建页面的视觉流向外，还要考虑元素之间是否平衡，这样才不会出现头重脚轻的情况（如图 2-4 所示的版面设计就有点右重左轻）。如果页面在构图时偏离页面中心，容易造成左右两侧不平衡，此时就必须调整页面，如缩小图片的比例与位置、增加小图来平衡页面等都是解决版面平衡的方法，如图 2-5 所示。

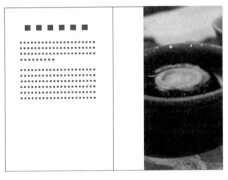
页面看起来右重左轻，明显失衡

图 2-4

在页面的左下角加入小图后即可平衡画面

图 2-5

2.1.5　视线的导引

在进行排版设计时，通常会默认读者目光移动的方向。以直式的文字排列为例，读者习惯自上而下、从右到左的阅读顺序，如果页面要进行上下分栏设置，那么上方字段阅读完后就会自动将视线移到下方的字段继续阅读；而横式文字阅读则是从左到右、自上而下进行阅读，如图 2-6 所示。

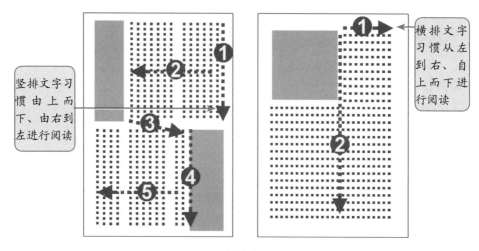

图 2-6

　　文字本身就是按照一定的顺序进行排列的，所以也能引导读者的视线遵循文字走向来移动。设计者也可以在页面中适时地加入一些能够引导读者视线移动的元素，如首字大写可引导读者从该处进行正文的阅读，而箭头效果的图形或符号也有指引方向的特点，如图 2-7 所示。

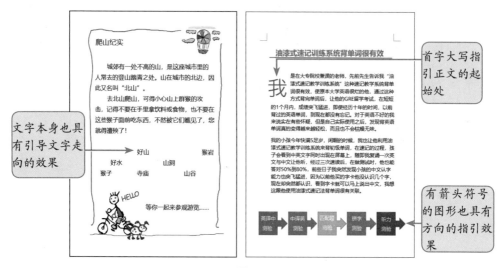

图 2-7

　　除此之外，还可以通过运动中的物体形象来引导方向。如图 2-8 所示的人物双手往后张开，让读者视线能集中在主标题处，而倾斜的头部也能将视线带领到下方的履历表格。图 2-9 中小男孩的脸朝向问候的词句上，而眼睛视线则是引导到下方的两张插图处。

图 2-8

图 2-9

2.2　设计文件的布局

　　针对不同的文件类型，布局的方式会有所不同，但目的都是通过美好的视觉编排来传达文件的主题和内容。灵活的排版给人赏心悦目的感受，进而能够让读者愉悦地进行阅读。

　　这里提供了一些简单的设计思维供读者参考，使读者可以按照文件类型来处理文件的版面。

2.2.1　纯文本的布局

　　当文件内容只有文字，不包括图片、表格、图案时，为了避免视觉上太过于单调，通常会利用颜色的深浅、字体的大小、大小标题来营造文件的结构性与层次感，也可以利用段落间的空白、线条的分隔或分栏的设置来产生类似画面分割的效果。

2.2.2　图文类的布局

　　文件内容不单纯只有文字，还包含图片，这种图文并茂的文件类型，在排版时经常会利用文本框和图形框来进行编排，而常用的版面构图方式有如下几种：

1. 中心式构图

顾名思义，就是将主体放置在画面中心进行构图，也就是将大幅图片或大标题设置在版面的正中央，如图 2-10 所示，可轻松强调主体，通常用在单页中的单一主题中，但是版面容易呆板沉重。

2. 上下分割或左右分割构图

上下分割是最常看见的排版构图，也就是将版面分为上下两部分，一部分用来放置标题与段落文字，另一部分用来放置图片，如图 2-11 所示。左右分割则是使用图片或色块，将页面分割成左右两块，也可以运用在折页的设计中，让一页显示满版图，另一页只显示文字（见图 2-12）。

图 2-10

这两种构图的版面通常看起来较稳重，有时也会显得呆板沉闷，若要用于活泼的主题，则可以试着运用色块或颜色搭配来让版面变得活泼起来。

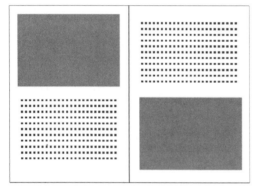

上下分割构图

图 2-11

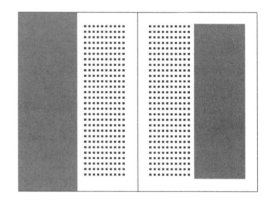

左右分割构图

图 2-12

3. 倾斜分割构图

倾斜分割是以倾斜的线条分割画面，无论是单页分割或折页分割，向左倾斜或向右倾斜，都能造成强烈的动感，这种构图多运用于运动或休闲的主题上，画面属于不对称的构图，如图 2-13 所示。

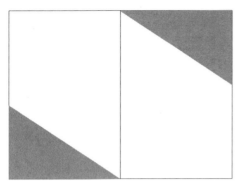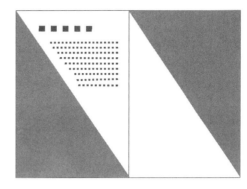

图 2-13

4. L 型构图

L 型构图是单页或折页的页面上，显示效果如同英文字母 L 的形状，构图上较为灵活有变化，如按 L 型方向左右翻转或 L 型放置图片再进行分割，都能让版面显得活泼生动，产生视觉延伸的效果，如图 2-14 和图 2-15 所示。

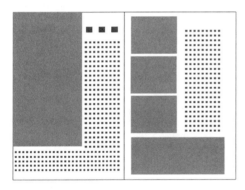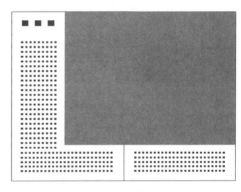

单页的 L 型分割方式　　　　　　　　　　　　　折页的 L 型构图

图 2-14　　　　　　　　　　　　　　　　　　图 2-15

5. U 型构图

U 型构图事实上是两个 L 型构图的重叠，属于非常稳固的构图，U 型也有上下或左右的变形，如图 2-16 和图 2-17 所示。使用 U 型构图时要注意留白的区域不要太满，否则会显得呆板。

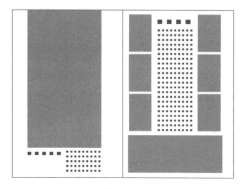

U 型的上下变化

图 2-16

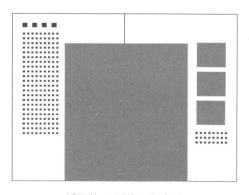

折页的 U 型构图与变形

图 2-17

2.2.3 图 / 文 / 表综合的布局

　　文件中包含文字、图片、图案和表格等对象，这种综合类型的文件通常可以运用表格来安排版面和定位图片的位置，因为表格可以随意地组合、分割区块，构建出来的版面较灵活而有变化，而且十分整齐美观。如图 2-18 和图 2-19 所示的两个范例基本上都是利用表格来编排文件内容的。

图 2-18

图 2-19

2.3 开始页面布局

排版的第一件事就是设置版面，也就是先确认纸张大小和页边距，把尺寸、版心位置、天头、地脚等都先确定下来，这样才能设置一个个排版单元，使不同的单元拥有不同的大局设置，让每个单元都有专属的编页方式、起始页次、页眉和页脚信息。

2.3.1 设置版面规格

版面规格的设置通常会考虑出版物的出版目的与阅读对象，然后根据书籍的类型来决定开本的大小。通常书籍的性质和内容可初步确定书的宽度与高度，如理论书或学校用书通常采用 16 开或 32 开的开本；青少年读物则选用稍微偏大的开数，以利于图片的展示；儿童读物大多接近正方形的开本，以适合儿童的阅读习惯。考虑阅读对象、开数大小、价格、书的篇幅等因素后，才能进行页面的版面设计。

在 Word 中新建空白文件后，单击"布局"选项卡的"纸张大小"，弹出下拉列表，即可进行纸张大小的选择，如图 2-20 所示。

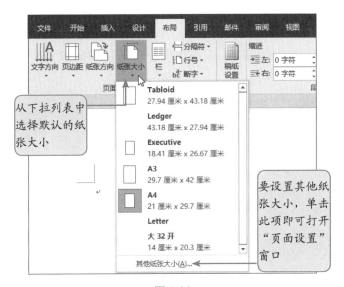

图 2-20

我们也可以单击"页面设置"功能区旁的 ⊡ 按钮，同时进行纸张大小、页边距、版式、纸张方向（页面方向）、页面边框、文档网格等的设置，如图 2-21 所示。

图 2-21

2.3.2 设置版心与页边距

　　版心是图文编辑的区域，而页边距是指版心的 4 个边界到页面的 4 个边界的区域。在 Word 程序中，版心宽度实际上就等于纸张宽度减掉左 / 右两个页边距的宽度，而版心高度就是纸张的高度减去上 / 下两个页边距的高度。从"页面设置"选项卡的"页边距"下拉列表中可快速选择一些默认的页边距，如常规、窄、中等、宽，对称等，如图 2-22 所示。而从下拉列表中选择"自定义页边距"，可在"页边距"选项中设置上、下、左、右 4 个边距，如图 2-23 所示。

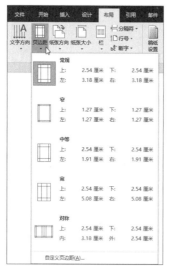

图 2-22

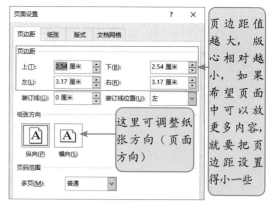

图 2-23

2.3.3　设置纸张方向

通常纸张的方向都采用纵向，若需要在水平方向上显示更多内容，则可以将方向设为横向。单击"布局"选项卡中的"纸张方向"按钮，再从下拉列表进行切换（见图 2-24），或在图 2-23 中的"页边距"选项卡中进行更改。

图 2-24

2.3.4　设置页眉和页脚

页眉和页脚分别位于版心的上方与下方，是设计版面时不可忽略的地方。除将一些与页面相关的文字信息（如书名、章节标题、页码等信息）放置在页眉和页脚处外，也可以加入色块、图案或图片作为装饰。

如果插入的页眉和页脚较大，页眉和页脚的区域会自动增大，相对地，版心会自动缩小。

编辑页眉和页脚时，只要在页眉和页脚处双击，就会进入编辑状态，版心内容会显示为浅灰色，而页眉和页脚的内容则变成黑色。此时 Word 也会聪明地切换到"设计"选项卡，里面提供了许多与页眉和页脚相关的设置项，如图 2-25 所示。

图 2-25

通常在任意一页的页眉和页脚输入内容后，其他页面的页眉和页脚也将自动显示相同的内容。另外，也可以单击"插入"选项卡中的"页眉" 页眉 ▾ 、"页脚" 页脚 ▾ 、"页码" 页码 ▾ 等按钮，里面提供了各种内建的编排方式，我们可以直接选用，如图 2-26 所示。

图 2-26

　　如果要进行书籍的排版，那么可以通过以下两种方式的设置，让首页的页眉和页脚与其他页不同，或让奇数页与偶数页各自拥有不同的页眉和页脚。

1. 在"页面设置"窗口进行设置

　　打开"页面设置"窗口，切换至"版式"选项卡，在"页眉和页脚"选项组中勾选"首页不同"复选框，让首页的页眉和页脚与其他页不同，而勾选"奇偶页不同"复选框是让奇数页与偶数页各自拥有不同的页眉和页脚信息，如图 2-27 所示。

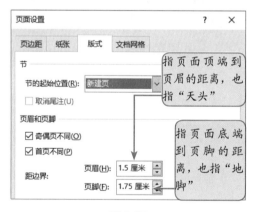

图 2-27

2. 处于编辑状态时在"设计"选项卡中进行设置

　　在页眉和页脚处于编辑状态时，在"设计"选项卡中勾选"首页不同"，能让文件第一页的页眉和页脚不同于其他页，勾选"奇偶页不同"复选框，则左右两页拥有不同的页眉和页脚信息，如图 2-28 所示。

图 2-28

2.3.5　设置天头与地脚

"天头"是页眉以上的留白区域，"地脚"是页脚以下的留白区域。一般而言，"天头"的尺寸大于"地脚"的尺寸，其视觉效果会比较舒服。如果要更改设置，可在"页面设置"窗口或"设计"选项卡中进行修改，如图 2-27 和图 2-28 所示。

2.3.6　页面加入边框

想要为页面加入边框，有以下三种方式。

- 在"布局"选项卡中单击"页面设置"分组旁的 ⏍ 按钮以打开"页面设置"窗口，在"版式"选项卡中单击"边框"按钮，如图 2-29 所示。
- 单击"开始"选项卡中的"边框" ⊞· 按钮，从下拉列表中选择"边框和底纹"选项，如图 2-30 所示。
- 在"设计"选项卡单击"页面边框" ▱ 按钮。

图 2-29

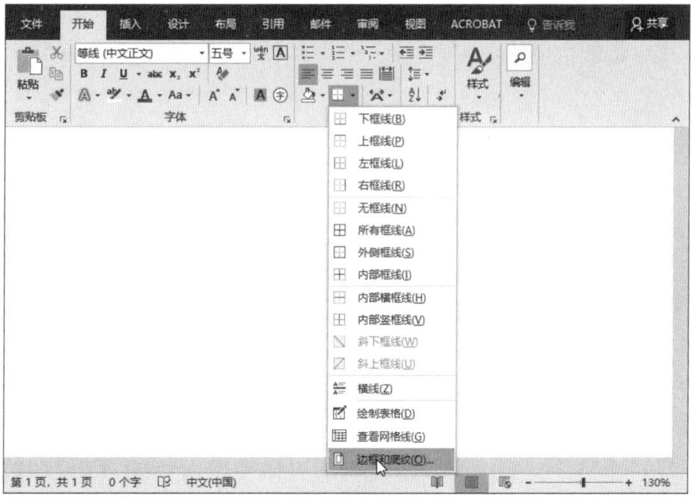

图 2-30

页面边框可设置为简单的线条或花边效果，也可以指定线条宽度、颜色、阴影或 3D 效果。另外，还能指定将边框应用到整个文件或指定的章节，如图 2-31 所示。

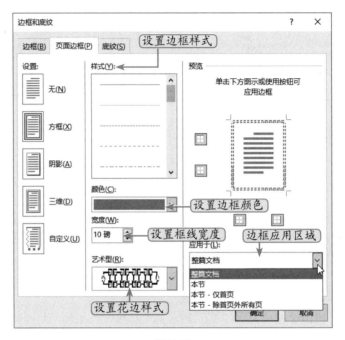

图 2-31

如果想要调整边框与文字间的距离，可在"页面边框"窗口右下角单击"选项"按钮，进入"边框和底纹选项"窗口后，修改上下左右的数值即可，如图 2-32 所示。数值越大，边框与文字的距离越近。

图 2-32

2.3.7　页面加入单色 / 渐层 / 材质 / 图样 / 图片

对于一般文件而言，大家都习惯使用白色的页面，主要是避免影响文字的阅读。如果文件将来要以有色的纸张来打印，那么页面背景设置成与纸张相同的颜色可以更清楚地了解最后成品的效果。

　　要设置页面的背景，单击"设计"选项卡中的"页面颜色"按钮便可直接选择主题颜色，或者选择"其他颜色"选项，进入"颜色"窗口自定义喜欢的颜色，如图 2-33 所示。

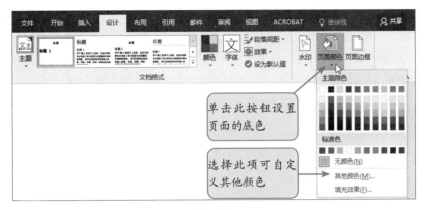

图 2-33

　　如果从下拉列表中选择"填充效果"选项，将会打开"填充效果"对话框，可将填充效果设置为渐变、纹理、图案或图片，如图 2-34 ～图 2-37 所示。

图 2-34　　　　　　　　　　　　　　　　　图 2-35

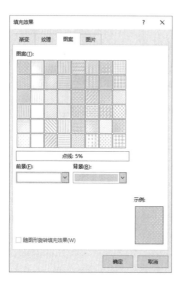

图 2-36

图 2-37

2.3.8　添加水印效果

为了区分文件的性质，有时候会在文件中加入水印文字，如加入有"草稿""样本""机密""紧急"等标记的字样，作用在于提醒浏览者正在阅读的文件的用途。水印功能会将文字淡化处理，同时置于图文之下，因此不会干扰文件的阅读。

要加入水印效果，单击"设计"选项卡中的"水印"按钮，再直接选择模板样式即可，如图 2-38 所示，设置水印之后的效果如图 2-39 所示。

范例文件：水印 .docx

图 2-38

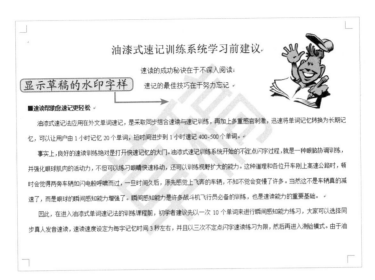

图 2-39

若要自定义水印文字或以图片方式呈现水印效果，则可单击"水印"按钮，在下拉列表中选择"自定义水印"选项，随后就可以在如图 2-40 所示的窗口中输入文字或选择图片。

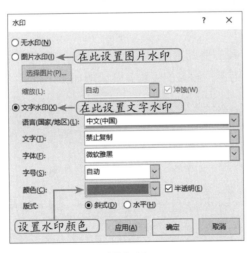

图 2-40

2.3.9　分栏设置

在杂志的编排中，我们经常会看到以 2 栏或 3 栏的方式呈现，这样的编排效果比较活泼，图文的变化也比较多。在 Word 中，若要设置分栏效果，则单击"布局"选项卡中的"栏"按钮，再从下拉列表中选择预设的格式，如图 2-41 所示。若从下拉列表中选择"更多栏"，则弹出"栏"

窗口，可在其中自行设置栏数、栏的宽度和间距，或加入分隔线，如图 2-42 所示。

图 2-41

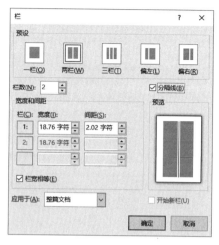

图 2-42

2.4 实践：书册页面的设置

要进行书册的排版，首先要确定版面（或页面）。这里以《油漆式速记法——24 小时改变你的记忆速度》一书为例，相关的设置条件说明如下。

- 书名：《油漆式速记法——24 小时改变你的记忆速度》。
- 第一章的章名：多层次回转记忆。
- 书册大小：宽 17 厘米，高 23 厘米。
- 页边距：上 2.5 厘米，下 2 厘米，左 2 厘米，右 2 厘米。
- 文字方向：水平。
- 页眉和页脚：偶数页的页眉放置书名与偶数页码，奇数页的页眉放置章名与奇数页码。
- 第一页为章名页，放置章名与小节标题。

2.4.1 新建与保存文件

1. 新建文件

启动 Word 后，单击"文件"选项卡，再单击"新建"按钮，然后单击右侧的"空白文档"，如图 2-43 所示。

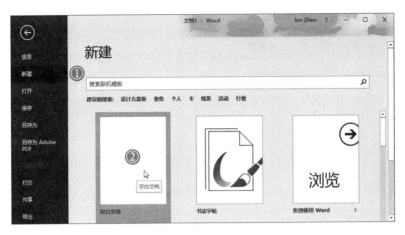

图 2-43

2. 保存文件

单击"文件"选项卡，再单击"保存"或"另存为"按钮，最后单击"浏览"按钮选择文件要存放的位置。找到文件要存放的位置后，输入文件名，然后单击"保存"按钮即可保存文件。步骤如图 2-44 所示。

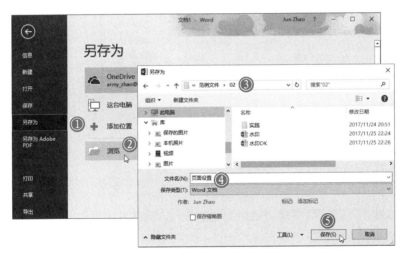

图 2-44

2.4.2　页面基本布局

1. 设置页面大小

在"布局"选项卡的"页面设置"分组中单击 按钮，如图 2-45 所示，以打开"页面设置"窗口。在"纸张"选项卡中将宽度设为 17 厘米，高度设为 23 厘米，如图 2-46 所示。

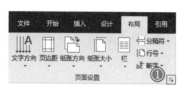

图 2-45

图 2-46

2. 设置页边距与页面方向

切换到"页边距"选项卡，在上、下、左、右的字段中输入如图 2-47 所示的数值，纸张方向选择"纵向"。

3. 设置页眉和页脚的编排方式

切换到"版式"选项卡，勾选"奇偶页不同"复选框，让奇数页和偶数页各自拥有不同的页眉和页脚内容，如图 2-48 所示。至此，完成版面的基本布局。

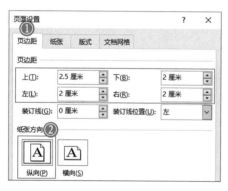

图 2-47

图 2-48

2.4.3 设置页眉与页码信息

在书的编排上，西式编排通常采用左翻的方式，而传统中式编排采用右翻的方式。西式编排的奇数页在右侧，而偶数页在左侧，一般习惯将书名放置在左上方，右上方则为各章的章名。

本例中页眉信息的设置将以西式编排为基准，直接在左右两侧的页眉处加入相关信息与页码编号。

1. 设置奇数页页眉

（1）应用奇数页页眉样式：在文件的页眉处双击，使之显现"奇数页页眉"的编辑状态。接着单击"设计"选项卡中的"页眉"按钮，从下拉列表中选择"运动型（奇数页）"

的样式。步骤如图 2-49 所示。

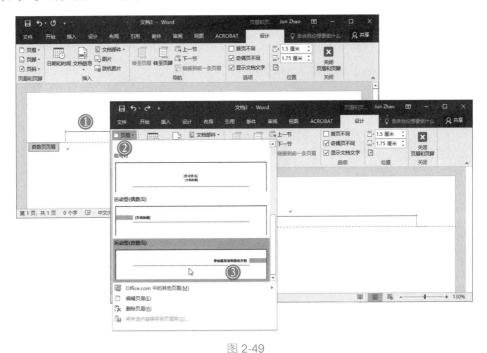

图 2-49

（2）更改标题名称：单击并选择前面编辑"奇数页页眉"的文本框，将其更改为章节的名称，如图 2-50 所示。

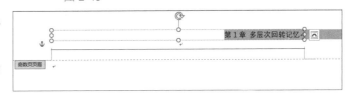

图 2-50

（3）更改页码形式：如果想要包含章节编号，在单击后面的文本框后，将输入点放置在数字 1 之前，先输入章的编号使其显现 1-1 的页码，再单击"开始"选项卡中的"字体颜色"按钮来更改文字颜色，如图 2-51 所示。

图 2-51

（4）设置页码编排格式与方式：单击"设计"选项卡中的"页码"按钮，再从下拉列表中选择"设置页码格式"选项，弹出如图 2-52 所示的"页码格式"窗口,将"页码编号"设置为"起始页码",并输入数值 1。如此一来,当多个文件合并时,每一章就会从数字 1 开始编号。

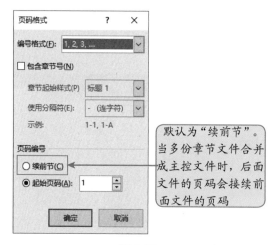

图 2-52

完成奇数页页眉的设置后,接着准备设置偶数页的页眉信息。由于目前还没有第 2 页,因此先从"插入"选项卡中选择插入一个空白页,如图 2-53 所示。

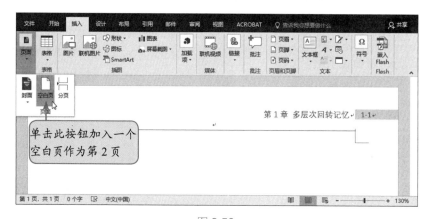

图 2-53

2. 设置偶数页页眉

(1)应用偶数页页眉样式:在第 2 页的页眉处双击,使之进入"偶数页页眉"的编辑状态。单击"设计"选项卡中的"页眉"按钮,再从下拉列表中选择"运动型(偶数页)"样式,应用该样式的结果如图 2-54 所示。

图 2-54

（2）更改偶数页信息：采用与奇数页上相同的方式输入书名并更改页码形式，如图 2-55 所示。

设置完成后，第 1 页和第 2 页的页面将显示如图 2-56 所示的效果。

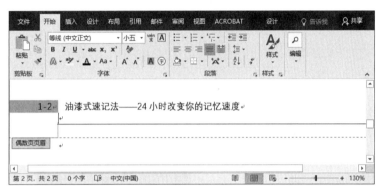

图 2-55

图 2-56

2.4.4 设置首页与其他页不同

确认奇偶页的页眉和页码设置没有问题后,设置文件的第 1 页不同于其他页。双击进入页眉和页脚的编辑状态,在"设计"选项卡中勾选"首页不同"复选框即可,如图 2-57 所示。

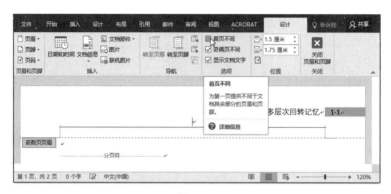

图 2-57

设置完成后,即可看到第 1 页没有页眉和页脚信息,第 2 页开始显现页码的设置。从第 2 页开始便是我们要编辑章节内容的地方,如图 2-58 所示。

图 2-58

第 **3** 章 **Chapter 3**

构建文字内容的排版技巧

文字是构成文件的基础，因为文字是表述作者思想感情的语言，有了文字才会有文件的产生，文字内容除输入的基本文字外，还包含各种符号、数字、特殊文字等。Word 也提供了多种构建文字内容的方式（见图 3-1），本章将逐一和大家探讨。

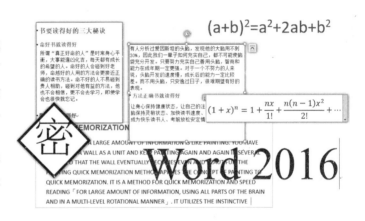

图 3-1

3.1 文字排版的要点

文字是语言的形式，文字编排的目的是以视觉方式清晰地传达文字内容，并以较优的阅读方式让读者可以吸收和理解文字信息。这里提出几项文字排版需要注意的事项供大家参考。

3.1.1 中文标点符号应使用全角符号

要理解文件的内容，标点符号具有举足轻重的地位。由于中文编码一般会占据 2 个字符，因此中文的标点符号，无论是逗号、句号还是其他符号，原则上都使用全角标点。在 Word 中提供了标点符号的插入，其他中文输入法也提供了辅助的标点符号输入。

3.1.2 英文标点符号一律用半角符号

英文字母编码只占一个字符，所以在输入英文时标点符号都要使用半角符号。使用技巧简要说明如下。

- 空格的使用：通常标点符号与它之前的英文之间不用加入空格，但是跟在标点符号之后的英文则要加空格。
- 句点：用于结束一段句子或用于缩写时。
- 逗号：用来分隔句子中的不同内容，或连接两个子句。
- 分号：用来连接两个独立且意义紧密的句子。
- 感叹号：用于感叹句或惊讶语句之后。

3.1.3 注意文字断句

在文字排版中，文字断句会影响读者对文章内容的理解，所以不要为了让版面漂亮而随意将内容截断，必须考虑文章的完整性及"节奏"等问题，不要因为换行的位置处理不当而造成文字意思不清楚。

3.1.4 可将文字视为对象处理

在版面的编排上，文字也可以视为一个"对象"，也就是通过文本框的方式来编排文字，将文字段落放在文本框中，文字会沿着文本框的内边界自动整齐排列。Word 的联机模板中，很多都是通过文本框来创建文本块，这种处理方式可以让版面整齐，而且编排的灵活度也较高，如图 3-2 和图 3-3 所示。

在编辑 Word 文件时，可以随时通过"插入"选项卡中的"文本框"  按钮

图 3-2　　　　　　　　　　　图 3-3

快速应用各种内建的文本框样式，如图 3-4 所示。

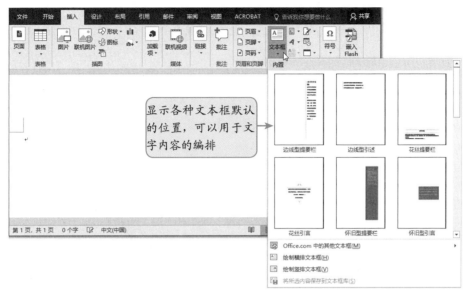

图 3-4

3.2　文字与符号的输入

　　在 Word 程序中输入文字的方法很简单，只要看到一个不停闪烁的光标"|"，就可以顺着这个光标输入点来输入文字，需要换段落时按 Enter 键，以此方式就可以编辑文件。除一般文字与标点符号的输入外，还有特殊字符与符号、大写英文字母、上下标、数学公式或直接从其他文件中插入文字，本节将为大家一一说明。

3.2.1　中英文输入

　　在文件中输入中文或英文时，通常通过屏幕右下角的任务栏来切换输入法，如图 3-5 所示。

　　单击"EN 英语 (美国)"选项后即可输入英文字母，默认会显示小写的英文字母，若要

图 3-5

输入大写字母，则可同时按住 Shift 键，若希望输入的英文字母都为大写，则可先按 Caps Lock 键来锁定大写状态，如图 3-6 所示。

图 3-6

中文的输入可按个人习惯选择微软拼音或其他输入法，文字输入点后面会看到"↵"符号，表示段落结束，按 Enter 键会切换到下一个新段落。

说明

启用即点即书功能

对于空行较多的文件，很多人习惯多按几次 Enter 键。事实上，Word 提供了"即点即书"的功能，只要在文件任何角落双击，便可在此处输入文字。利用此功能输入文字后，它会在标尺上留下记号，通过这些记号可再次调整文字的位置。

3.2.2　输入标点符号 / 特殊字符 / 符号

标点符号有中文和英文两种，中文标点符号有逗号、句号、感叹号、问号、冒号、双引号、分号等，最好使用全角的标点符号。在 Word 中，可单击"插入"选项卡中的"符号"按钮，从下拉列表中选择常用的标点符号，如图 3-7 所示。

图 3-7

如果要插入一些键盘上没有的特殊符号，如版权符号、注册符号、商标符号、长画线等，可单击"符号"下拉列表，再从中选择"其他符号"选项，打开"符号"窗口，在"特殊字符"选项卡中选择特殊字符，最后单击"插入"按钮并关闭窗口即可完成特殊字符的输入。步骤如图 3-8 所示。

另外，在"符号"选项卡中还提供了各种特殊符号，如 Wingdings、Wingdings2 等字体中有很多漂亮的符号，如图 3-9 所示，大家不妨试试看。

图 3-8

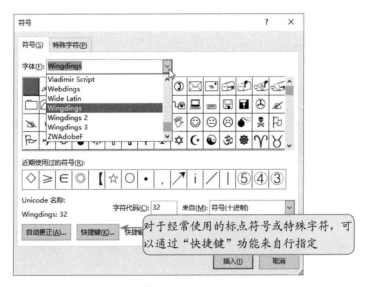

图 3-9

3.2.3　输入数字类型的编号

在"插入"选项卡中有一个"编号"按钮，此功能可以插入各种类型的数字编号，如甲乙丙、壹贰叁、子丑寅等。只要在"编号"字段输入阿拉伯数字，选择要呈现的数字类型，单击"确定"按钮即可在文件中看到结果，如图 3-10 和图 3-11 所示。

图 3-10

图 3-11

3.2.4 插入日期和时间

　　若需要在文件中插入日期与时间，最快的方式就是单击"插入"选项卡中的"日期和时间" 按钮，如图 3-12 所示，可以将指定的日历类型与当前的日期和时间插入文件中。

　　因为笔者的系统中目前只安装了"中文（中国）"与"英文（美国）"两个语言包，所以语言中只有这两个选项。只要在可用格式列表中选择自己想要使用的日期格式，再单击"确定"按钮即可完成设置。

3.2.5 上标与下标

　　上标是在文字基线上方输入小字体字符，下标是在文字基线下方输入小字体字符，上标与下标通常出现在科技类文件或教科书中，在数学公式或化学分子式中经常会碰到。此类问题只要在"开始"选项卡中单击"上标"或"下标"按钮即可设置，如图 3-13 所示。

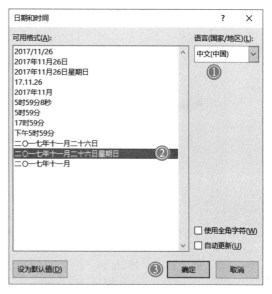

图 3-12

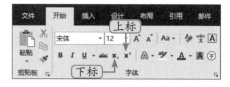

图 3-13

如图 3-14 所示，选择要做标记的文字，再单击"开始"选项卡中的"上标"按钮或"下标"按钮，即可得到如图 3-15 所示的结果。

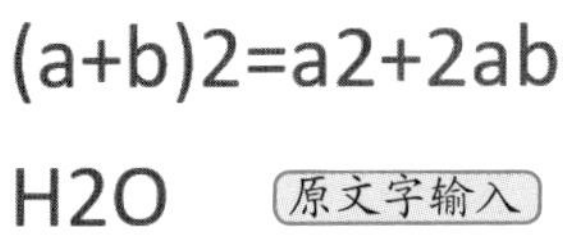

$(a+b)2=a2+2ab+b2$

$H2O$　原文字输入

图 3-14

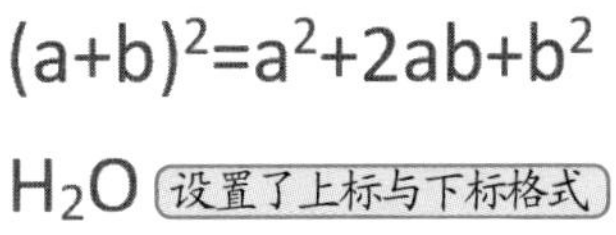

$(a+b)^2=a^2+2ab+b^2$

H_2O　设置了上标与下标格式

图 3-15

3.2.6　更改英文字母大小写

编辑英文文件时，遇到需要更改字母大小写，如果不懂得技巧，就得耗费较多的时间进行修改。Word 提供了一个用于切换英文大小写的功能，可以根据不同的需要来进行切换。

选择一段文字后，单击"开始"选项卡中的"更改大小写" **Aa ▾** 按钮，即可对文字进行句首字母大写、小写、大写、每个单词首字母大写、切换大小写、半角、全角等设置，如图 3-16 所示。

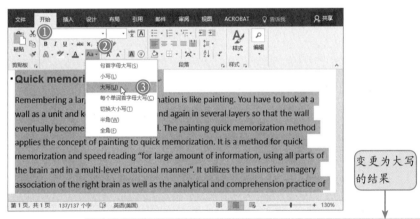

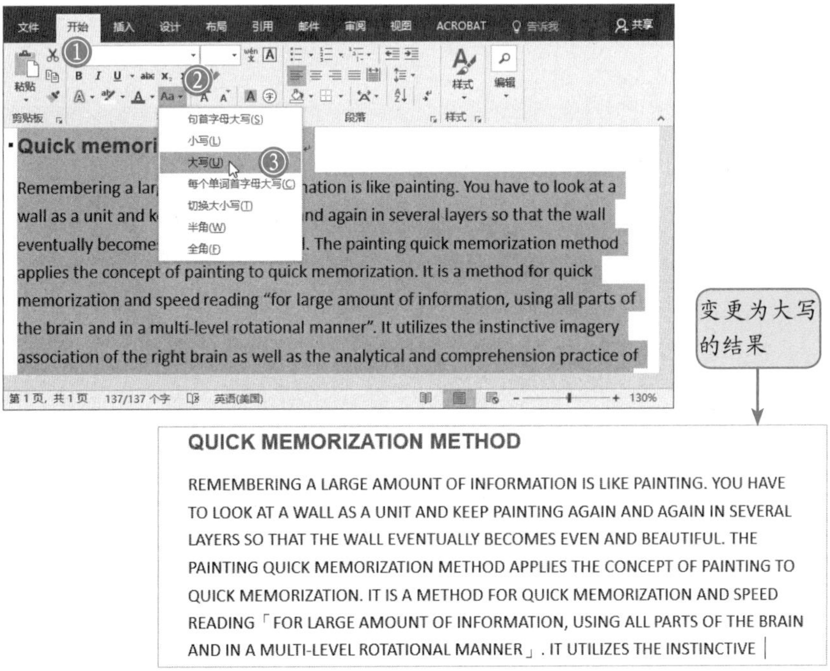

图 3-16

3.3.7　输入带圈字符

如果希望在文件中出现"注""正""密""印""特""禁"等特别的标记符号，这时不需要输入任何文字内容，只要在文字输入点处单击"开始"选项卡中的"围绕字符"字按钮，即可在字符四周放置圆圈、方框、三角形或菱形框，以强调指定的字符，如图3-17所示。

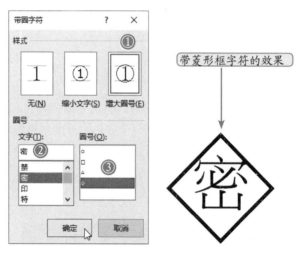

图 3-17

3.2.8　从文件插入文字

要在文件中加入其他文件中的内容，大家一般习惯使用"复制"与"粘贴"命令直接将选择的对象加入文件中。事实上，Word 也提供了插入文本文件的功能，无论是纯文本文件、RTF 格式文件、Word 文件还是网页文件等，都可以插入当前的文件中。

在"插入"选项卡中单击"对象" 按钮，从下拉列表中选择"文件中的文字"选项后，再从打开的窗口中选择要插入的文件即可。步骤如图 3-18 和图 3-19 所示。

图 3-18

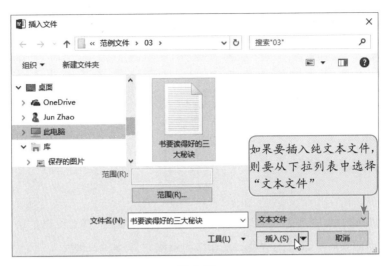

图 3-19

对于书的排版，建议使用纯文本文件的方式插入出版目标文件中，这样方便应用新设置的文字样式。另外，我们也可以使用此功能将文本文件插入文本框中，只要先选择要插入的文本框即可。

说明

单击"插入"选项卡中的"对象"按钮后，选择下拉列表中的"对象"选项，就可以将插入对象内嵌到文件中，如 Word 文件、Excel 图表等对象。

3.3 构建其他文字对象

对于文字内容的构建，除 3.2 节提及的方式外，Word 还可以把文字以对象的方式来呈现，如数学公式、文本框、文字对象、艺术字等，本节来看如何使用这些技巧。

3.3.1 输入数学公式

在数学方面，分数、上下标、根号、运算符、函数等公式在 Word 文件中都可以轻松编辑。单击"插入"选项卡中的"公式" **π** 按钮，就能在文件中看到如图 3-20 所示的公式编辑器。上方的选项卡也会显示与公式有关的工具按钮。

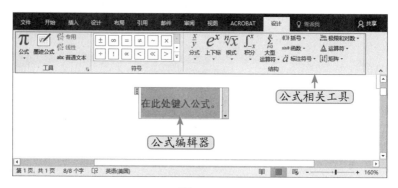

图 3-20

在"工具"组中单击"公式"按钮，或在"结构"组中选择要编辑的公式类型，在打开的列表中选择样式后，该公式就会出现在编辑器中，如图 3-21 所示。

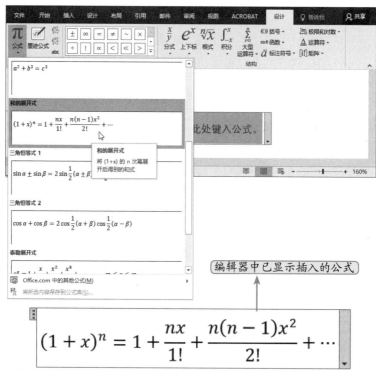

图 3-21

3.3.2 插入横排 / 竖排文本框

文本框有横排文本框与竖排文本框两种，横排文本框用于插入横排的文字，竖排文本框用于插入竖排的文字。在"插入"选项卡中单击"文本框" 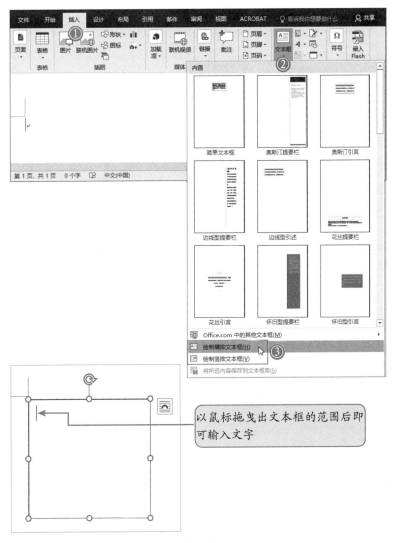 按钮，从下拉列表中选择"绘制横排文本框"或"绘制竖排文本框"选项，接着到编辑的文件中拖曳出所需要的文本框范围，随后就可以在里面输入文字内容了，如图 3-22 所示。

以鼠标拖曳出文本框的范围后即可输入文字

图 3-22

3.3.3 文本框间的链接

在文本框中插入文字内容后，若因版面安排的需求而无法排下所有的文字内容，则可使用文字链接的方式新建文本框，以便摆放剩余的文字，也就是说，让文本框中的文字接续到其他文本框中。

使用方法很简单，单击"格式"选项卡中的"创建链接"按钮即可办到。如图 3-23 所示，让左侧文本框中的文字衔接到右侧的空白文本框中。

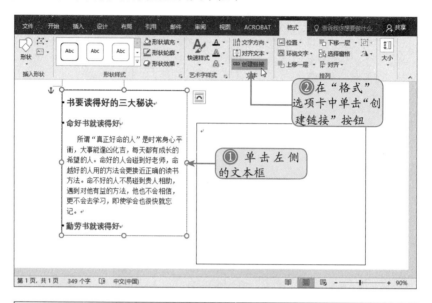

图 3-23

 说 明

Word 的文本框提供了链接功能，但是没有"溢排"符号，所以使用文本框编排较长的段落时，要注意所有文字是否都完整显示出来了。

3.3.4　插入与应用艺术字

艺术字是 Word 的文字功能之一，可以让用户快速使用特效来突显文字，为文件增添一些艺术效果。在"插入"选项卡中单击"艺术字" A 艺术字▾ 按钮，从下拉列表中选择艺术字的样式，接着在编辑的文件中会自动显示一个文本框，用户可直接在预留的文字位置输入文字内容，如图 3-24 所示。

图 3-24

修改预留文本框中的文字内容后，如果不满意该文字样式，随时都可以选择"格式"选项卡中的"快速样式"，对样式进行更改，如图 3-25 所示。

图 3-25

说明

自定义艺术字样式

如果不满意默认的艺术字样式，在"格式"选项卡的"艺术字样式"组中还提供了"文本填充""文本轮廓""文本效果"等按钮，供用户自行修改。另外，"形状样式"组中的"形状填充""形状轮廓""形状效果"可对文本框进行修改，如图 3-26 所示。

图 3-26

3.3.5 创建与插入文档部件

由于 Word 经常被应用于各种报告、长篇文件、报纸稿件等的制作上，大家可以利用"文档部件"功能将常用的文本框组合或特定的文件摘要信息保存成部件，这样下次就可以使用"插入"选项卡中的"文档部件" 图 文档部件· 按钮来实现快速插入。

1. 把选择的项目保存为文档部件

这里以图 3-27 的"补充说明"部件来示范如何保存常用的部件对象。

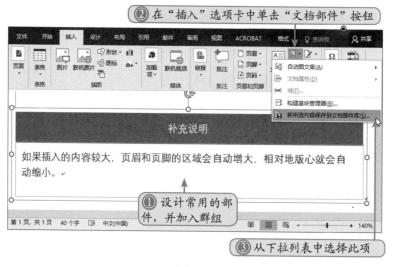

图 3-27

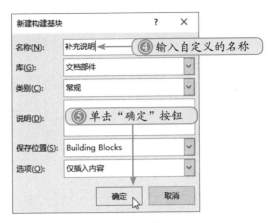

图 3-27（续）

2. 把文档部件插入指定位置

完成刚才的部件保存后，下次单击"文档部件" 文档部件 按钮并选择该部件，就可以把它加入文件中。如果要指定插入位置，那么右击进行选择，如图 3-28 所示。

图 3-28

3.4 实践：构建文字内容

对于书的排版，现在作者通常会提供电子版的文本文件与插图，所以排版人员并不需要输入文字，只要根据出版社规划的图书尺寸来进行页面设置，接着将文本文件导入排版文件中，再按照原作者的想法把图片插入文件中即可。

　　虽然文字不需要重新输入，但是文本文件的内容大多需要调整，例如原先作者所设置的样式、段落前多余的空白、文字与文字之间多余的空格等最好先都删除，以便应用新的样式。

　　这里以"01_ 多层次回转记忆 .doc"范例文件来向大家展示如何将源文件转存成 TXT 文本文件，以便去除源文件中所设置的格式，再导入 Word 排版文件中，同时通过"替换"功能将文件中多余的空白或空格删除。

3.4.1　将源文件转存成 TXT 纯文本文件

　　（1）打开源文件：在源文件"01_ 多层次回转记忆 .docx"的图标上双击，将该文件在 Word 程序中打开，如图 3-29 所示。

　　（2）转存为纯文本文件： 单击"文件"选项卡，再选择"另存为"选项并浏览文本文件存放的位置，将"保存类型"设置为"纯文本"，选

图 3-29

用 Windows 文字编码方式完成保存操作，具体步骤如图 3-30~ 图 3-32 所示。

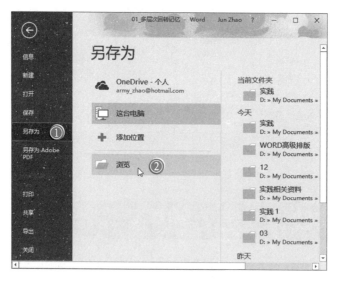

图 3-30

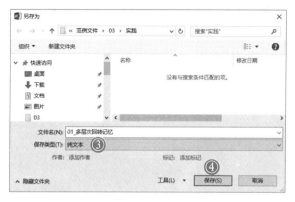

图 3-31

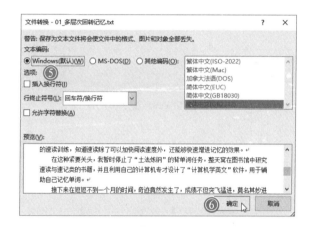

图 3-32

3.4.2 将纯文本文件导入排版文件

打开原先已设置好的"页面设置 .docx"版面文件，输入点放在第二页开始处，在"插入"选项卡中单击"对象"按钮，从下拉列表中选择"文件中文字"选项，将刚刚保存的纯文本文件插入文件中，步骤如图 3-33~图 3-35 所示。

图 3-33

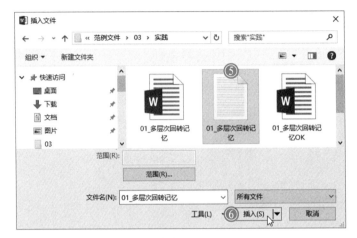

图 3-34

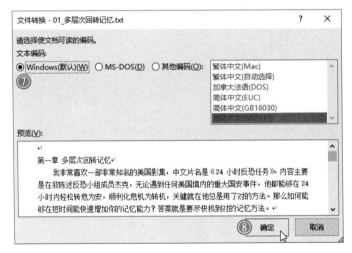

图 3-35

3.4.3 以"替换"功能删除多余的空白与空格

1. 以"替换"功能删除段落前的空白

作者经常在段落之前加入空格,把空格删除以便将来样式的设置与应用。先选择并复制段落前的空白,接着单击"开始"选项卡中的"替换"按钮,随后进入"查找和替换"窗口,将刚复制的空白粘贴到"查找内容"的字段中,"替换为"的字段则不变动,单击"全部替换"按钮,就可将 160 个空白全部删除,具体步骤如图 3-36~ 图 3-38 所示。

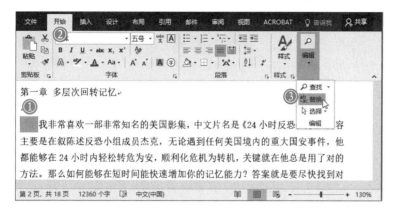

图 3-36

图 3-37

图 3-38

2. 以"替换"功能删除文字间的空格

先选择并复制文字与文字间的空格，在"查找和替换"窗口中，将刚复制的空格粘贴到"查找内容"字段中，"替换为"的字段则不变动，单击"全部替换"按钮，就可将 26 个空格删除，具体步骤如图 3-39 和图 3-40 所示。

图 3-39

图 3-40

3.4.4 以"替换"功能统一标点符号"（）"

文件中的括号"（）"有全角的，也有半角的，这里一并使用"替换"功能，将半角的括号替换为全角，完成标点符号的统一，具体步骤如图 3-41 和图 3-42 所示。

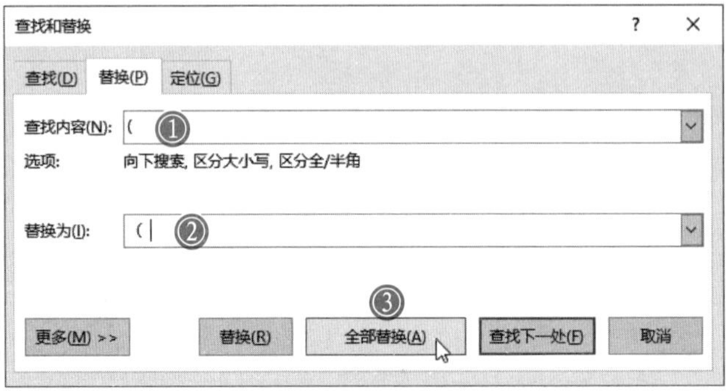

图 3-41

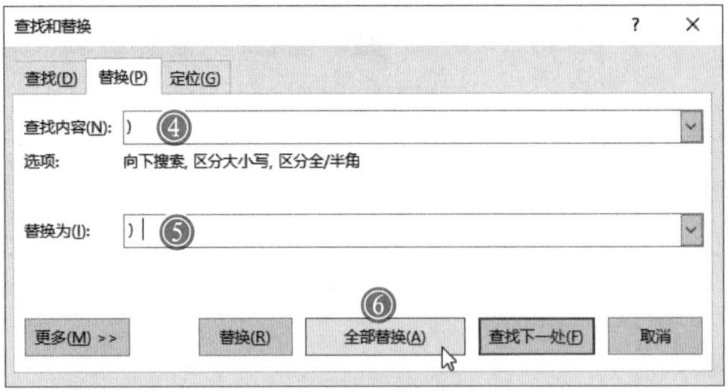

图 3-42

通过这样的方式就能将文字内容快速整理完成，在排版时就不用再耗费时间删除多余的空白与空格，标点符号也都统一为全角符号了。

第4章

Chapter 4

文件格式化的排版技巧

要使得文件看起来清楚易懂、整齐划一，文件格式的设置就显得相当重要，除字体格式、段落格式的设置可以吸引读者的目光外，多层次的项目列表与编号也能让重点显示出来，如图 4-1 所示。

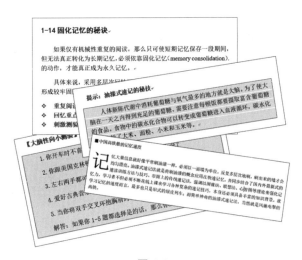

图 4-1

本章将着重对这些内容进行说明，掌握文字排版的诀窍与秘技能够让排版出来的版面既清楚地传达信息，又展现美好的视觉设计。

4.1 格式化设置要领

格式的设置通常包含字体、字间距、行间距、颜色等设置，本节列出几项排版要领供大家参考，让文字的搭配赏心悦目。

4.1.1　字体和字号的选择

　　无论是中文、英文还是阿拉伯数字，字体也跟人一样有着不同的个性与风貌，有的粗，有的细，有的胖，有的瘦，有的正方，有的清秀，有的豪迈，等等，所以应该根据阅读者的心理或文件的特点来选用适合的字体，而并非按照个人的喜好来选择。

　　字体是否适合放在版面或设计中，最佳的判断标准就是先确定设计的版面要呈现哪种特质，例如表现传统的特质可以选用复古风的字体，表现现代感可以选用简约易读的字体。先确定版面特质，才能让挑选的字体配合文件的内容。

　　一般计算机都有默认的中英文字体可供选用，用户也可以购买特殊的字体光盘来安装，安装后的字体会在 Word 的"开始"选项卡的"字体"处显示出来，用户直接从下拉列表中选用即可，如图 4-2 所示。我们通常会将粗体字放在书刊标题或广告标语上，细体字则适合用于长篇正文。但是字体的选用不可过多，过多会显得杂乱而不专业。

图 4-2

　　希望文字编排能有效地传递信息，在设计时也要考虑读者的需求，如阅读者的年龄、阅读习惯等。例如，儿童读物的字体要大且清楚，正文字体要尽量避免太多的装饰样式，明智地选用清晰的字体，让读者可以在愉悦的心情下长时间地阅读。

　　选择字体后，字体大小也是影响阅读难易度的关键，字体太小会难以阅读，通常印刷用的段落文字会设在 10~12 点（pt），也即是小五号和四号字之间。

4.1.2 字间距 / 行间距的协调与设置

要让书的正文读起来顺畅，字间距与行间距（见图 4-3）也是关键。所谓字间距，指的是文字与文字之间的距离，太过拥挤的字间距阅读起来会伤眼睛，太过松散的字间距则阅读起来不顺畅，而字间距的调整就是让每个字之间的距离符合空间美学。

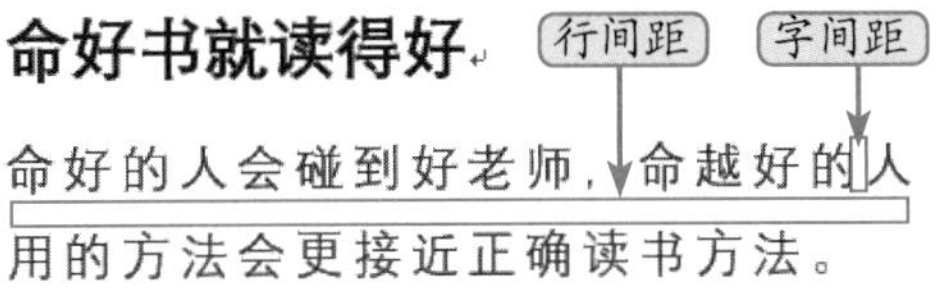

行间距则是前一行文字与后一行文字的垂直距离，一般行间距要比字间距大，否则读者搞不清楚从哪里开始阅读。

想要调整字与字之间的距离，在"开始"选项卡的"字体"分组单击 按钮，在"高级"选项卡的"间距"选项可以设置字符间距（加宽或紧缩），也可以在其后方自定义磅值，如图 4-4 所示。

若要调整行与行的垂直距离，最简单的方法就是单击"开始"选项卡中的"行和段落间距" 按钮，从下拉列表中选择合适的距离，如图 4-5 所示。

若从下拉列表中选择"行距选项"选项，将进入"段落"窗口，在"缩进和间距"选项卡的"间距"选项组中可设置行距（行间距），如图 4-6 所示。

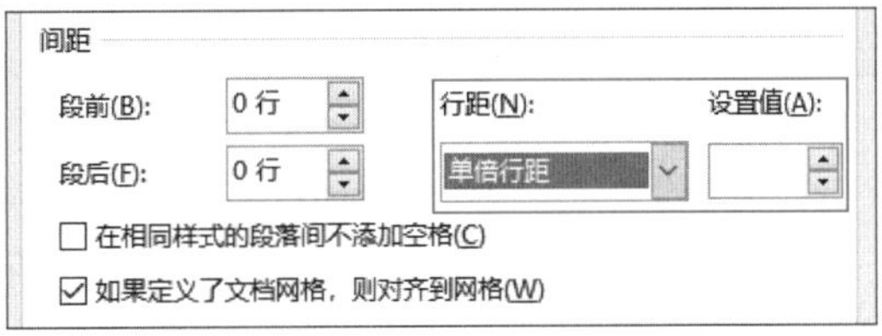

4.1.3 字体颜色的选择

文字排版重在文字的易读性，所以要特别注意文字与背景的对比性。如果文字与背景的反差不够强烈，例如浅色文字搭配浅色背景，或者深色文字放在较暗的图案背景上，就对眼睛的负担很大，视觉效果也不好。

常见的文件大多由白纸黑字构成，对于重要的标题选用适当的颜色能让表达的内容更精彩，更有魅力，例如暖色系给人温暖和谐的感觉，冷色系则让人有宁静清凉的感受，但仍必须与文件主题与版面风格互相搭配才行。

命好书就读得好 行间距 字间距

命好的人会碰到好老师，命越好的人用的方法会更接近正确读书方法。

图 4-3

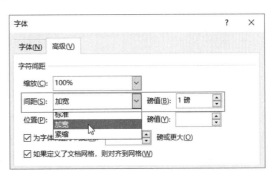

图 4-4

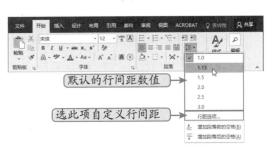

图 4-5

图 4-6

在"开始"选项卡中单击"字体颜色" 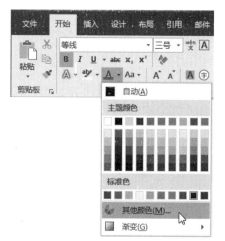 按钮可快速更改文字颜色，如果没有满意的颜色，可从下拉列表中选择"其他颜色"命令，然后从"自定义"选项卡的调色板中选色，如图 4-7 所示。

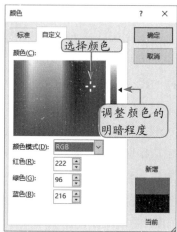

图 4-7

4.1.4　中英文字体的协调与设置

文件中经常会出现中文与英文混合编排的情况，二者是否搭配得当是见仁见智的问题。在选用字体时，尽可能根据中文字体的特征来选用适合的英文字体，使两种字体的粗细、高和宽能够在视觉上看起来协调一致，如图 4-8 所示。

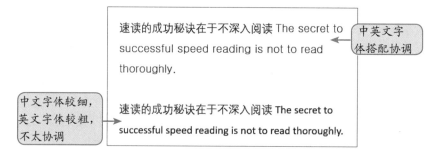

图 4-8

若文件中同时有中英文，则可以分别指定文件的中 / 英文字体。在"字体"分组单击 按钮，在"字体"选项卡分别设置中文字体与西文字体，在预览处可看到中英文字搭配的效果，如果单击"设为默认值"按钮，那么新建的文件就会使用自定义的字体格式，如图 4-9 所示。

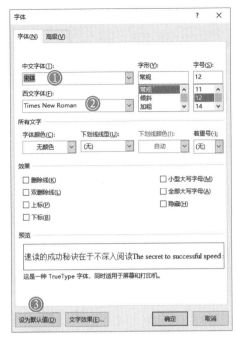

图 4-9

4.1.5 段落统一分明

在排版要诀中，最重要也是最根本的要求是：该对齐的部分必须对齐，无论是图片还是文字的处理，只要对齐了，同时保持一致，就能让界面统一分明。

要让段落看起来舒服流畅，段落的对齐方向是第一要素。"开始"选项卡的"段落"分组提供了"左对齐""居中""右对齐""两端对齐""分散对齐"5 种对齐方式。在段落方面通常选择"左对齐"方式，尽量少用"分散对齐"，因为它会产生一堆不规则的和随机分布的空白，让画面看起来杂乱不堪。在中英文并存的段落中，可使用"两端对齐"的方式，使得文件边缘保持匀称而利落，不会出现参差不齐的情况，如图 4-10 所示。

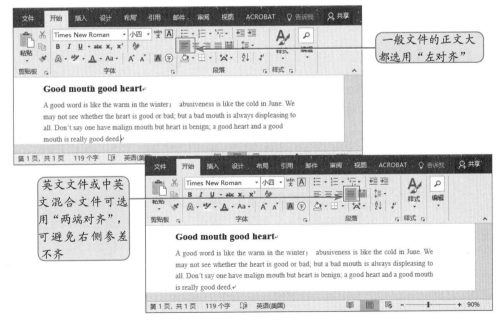

图 4-10

段落要分明，首字大写或首行缩进设置都让段落具有清晰鲜明的效果。另外，也可以适时地让段落间的距离加大一些，如图 4-11 所示。

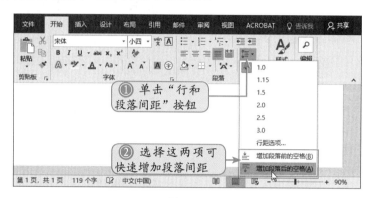

图 4-11

4.1.6　大小标题清楚易辨

在排版设计中，文件的结构与层次是设置大小标题的主要依据，通常按照文件的结构区分文字的大小、颜色和字体，而且因为主标题用于阐述主题核心，所以字体尺寸最大、最粗，颜色最抢眼。其次是副标题、小标题、正文等依次变化，这样文件的易读性就高，视觉层次的变化也很鲜明。

4.1.7　善用项目符号提纲挈领

对于列表而言，为了使文件看起来更条理分明，一般使用项目符号或编号来处理。项目符号会将各条内容并列，而编号则可以显示先后顺序。这两者都能让文件的结构更清晰，更具可读性。

4.1.8　行长与分段设置

一行文字的长度决定读者在阅读时由行末文字跳转视线到下一行的时间，当行长较长时跳转的时间较长，行长较短时则所需的时间较短，因此一行文字的长度会影响阅读的节奏。通常一行文字的长度在 45 个字符到 75 个字符比较合适。而段落太宽或太窄都会造成阅读上的困难。另外，行的长度越长，阅读者就会感觉行距越小，所以当行长较长时，排版时就需要将行距适当增大，以便于读者阅读。

用 Word 进行排版前，我们也可以预先指定每行的字数和每页的行数。在"布局"选项卡中的"页面设置"分组单击 按钮，随后在"页面设置"窗口中的"文档网格"选项卡中进行设置，如图 4-12 所示。

除行长会影响阅读的节奏外，段落的划分也是影响因素之一。因为段落设置得过短会造成视觉的中断，使版面看起来比较凌乱，而且不适当的分段也会影响读者对文章的理解程度。

图 4-12

4.2 使文件布局更加整齐清晰

一篇结构清晰的文章，布局是非常重要的，如果布局整齐清晰，读者就能轻松自如地阅读，享受阅读的喜悦，反之则会影响读者继续阅读的心情。

4.2.1 首行缩进

设置首行缩进是排版中经常使用的一种手法，可以让读者清楚地辨识每个段落的开始处，而且能让文件看起来更加整齐美观。

要设置首行缩进，最简单的方式是直接在标尺上调整。在"视图"选项卡中勾选"标尺"复选框，以便显示出标尺。将鼠标移到标尺上，往右拖曳左上方的"首行缩进" ▽ 按钮即可，如图 4-13 所示。一般缩进设为两个中文字符，这样段落看起来更加清晰明了。

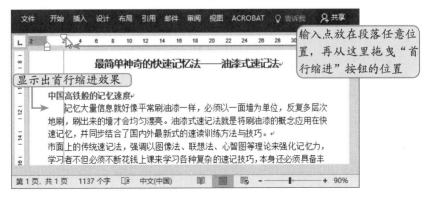

图 4-13

说明

段落的缩进除前面介绍的首行缩进外，还有悬挂缩进。首行缩进是段落的第一行文字向页面右侧偏移，而悬挂缩进则是除第一行文字外，其他行文字向页面右侧偏移。

我们也可以在"开始"选项卡的"段落"分组单击 按钮，打开"段落"在"缩进和间距"选项卡中将缩进的"特殊格式"设为"首行缩进"，并在其后方设置缩进值（厘米），步骤如图4-14所示。

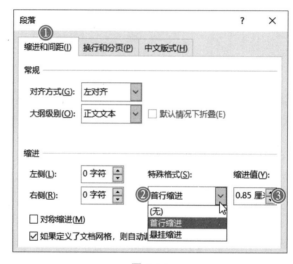

图 4-14

4.2.2　首字下沉与首字悬挂

首字下沉是将段落的第一个文字放大，使之占据2到3行的高度，文件开头的文字变得很醒目，如图4-15所示，这种做法经常在报刊的排版中看到。

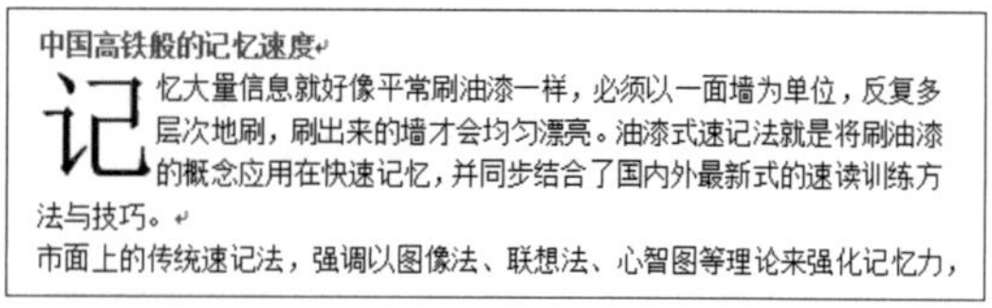

首字悬挂则是将段落的第一个字明显地放在段落左侧。

这两种方式的设置都是在"插入"选项卡中单击"首字下沉"按钮，再从下拉列表中选择"下沉"或"悬挂"选项，如图4-16所示。

若从下拉列表中选择"下沉"选项，则会弹出"首字下沉"窗口，在其中可自定义首

图 4-15

字的位置、文字下沉的行数、字体与正文的距离，如图 4-17 所示。

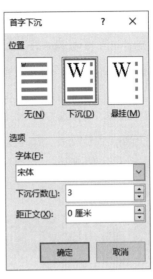

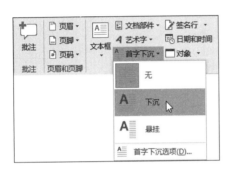

图 4-16　　　　　　　　　　　　　　　　图 4-17

4.2.3　调整适当的段落间距

段落间距是指段落与段落之间的距离，在 Word 程序中还分为段落前间距与段落后间距两种，利用段落间距可以使得文件中的各个段落变得更清晰整齐。

要设置段落间距，在"开始"选项卡中的"段落"分组单击 ▫ 按钮，在"段落"窗口切换到"缩进和间距"选项卡，即可设置与"段前"或"段后"之间的距离，如图 4-18 所示。

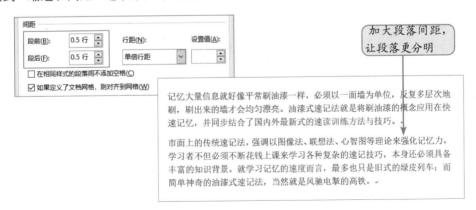

图 4-18

说明

段中不分页

在排版过程中，经常会遇到同一个段落分处在当前页面的底端与下一页面的顶端。如果希望同一段落能显示在同一页面上，那么可在"段落"窗口的"换行和分页"选项卡中勾选"段中不分页"复选框，如图4-19所示。

段落	?	×
缩进和间距(I)　　换行和分页(P)　　中文版式(H)		

分页
- ☐ 孤行控制(W)
- ☐ 与下段同页(X)
- ☑ 段中不分页(K)
- ☐ 段前分页(B)

图 4-19

⚙ 4.3 字体与段落格式设置 ◀◀◀

本节将进行字体格式与段落格式的设置。在字符部分，只要选择要进行格式设置的文字内容，随后直接进行设置即可。而在设置段落格式时，只要将文字输入点（即输入光标）移到该段落上的任意一处，就可以设置段落格式，并不需要选择整个段落。通过 ↵ 符号可以清楚地知道每个段落的位置，只要段落设置得当，文件就会排列整齐，看起来很舒服。

4.3.1 使用"开始"选项卡的各功能项设置字体格式

在"开始"选项卡的"字体"分组中提供了设置各种格式的功能按钮，如图4-20所示，包括字体、字号、增大字号，减小字号、加粗、倾斜、下画线、删除线、上标、下标等。只要鼠标移到这些按钮上，就会弹出白色说明文字框让用户知道该按钮的作用，功能按钮旁边若有下拉按钮，则可直接单击下拉按钮弹出下拉列表进行选择，而单击"清除所有格式" ✍ 按钮可以删除已选择文字的所有格式设置。

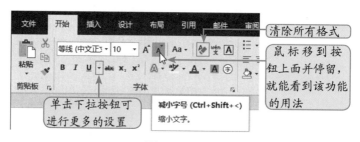

图 4-20

说明

文字突出显示

"字体"分组中的"以不同颜色突出显示文本" 按钮是使用鲜亮的颜色突出显示来让文本更加醒目。在排版过程中，对于有问题或暂时保留的地方可以用此功能来提醒自己注意。若要删除文字突出显示的颜色，则可从这个功能按钮对应的下拉列表中选择"无颜色"。

4.3.2　文字加入下画线

下画线是指在文字下方加上一条横线，让线的长度与文字同。选择文字后，在"开始"选项卡中单击"下画线" 按钮，在下拉列表中除可以选择不同的下画线样式外，还可以设置下画线的颜色。若要选用更多的下画线样式，则可以选择下拉列表中的"其他下画线"选项，如图 4-21 所示。

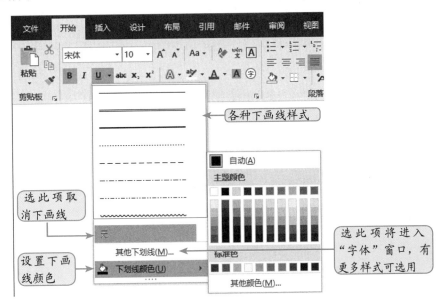

图 4-21

4.3.3　文字 / 段落加入边框与底纹

边框是在文字四周加入线条，底纹则是为文字添加背景颜色。使用"字符边框"和"字符底纹"两个功能钮就可以加入黑色边框与灰色底纹，如图 4-22 所示。

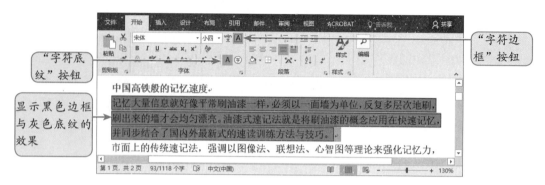

图 4-22

如果想要设置有颜色效果的边框或底纹，或者针对整个段落加入边框与底纹，就必须用"开始"选项卡中的"边框" ▦· 按钮进行设置。在"边框" ▦· 按钮的下拉列表中选择"边框和底纹"选项，如图 4-23 所示，可以进入"边框和底纹"窗口进行设置。

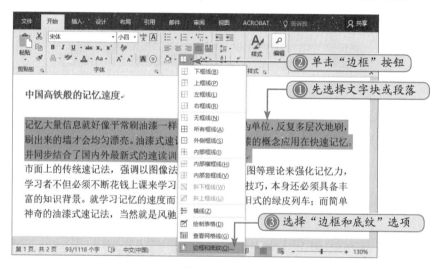

图 4-23

1. 设置边框

在"边框"选项卡中选择边框样式、颜色与宽度，默认应用于"段落"，若要应用于"文字"，则可从下拉列表中选择，如图 4-24 左图所示。另外，选择应用于段落时，若想控制边框与段落文字间的距离，则可单击"选项"按钮（在"应用于"下拉列表下方，图 4-24 左图因显示了下拉列表而被盖住了），随后进入"边框和底纹选项"窗口进行"距正文间距"上 / 下 / 左 / 右的调整，如图 4-24 右图所示。

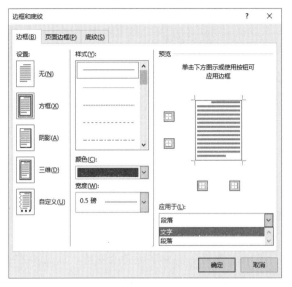

图 4-24

2. 设置底纹

在"底纹"选项卡可设置填充的颜色与底纹样式，如图 4-25 所示。

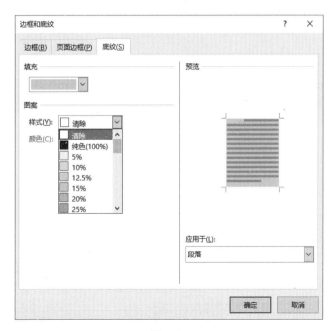

图 4-25

显示应用于段落的边框与底纹效果，如图 4-26 所示。

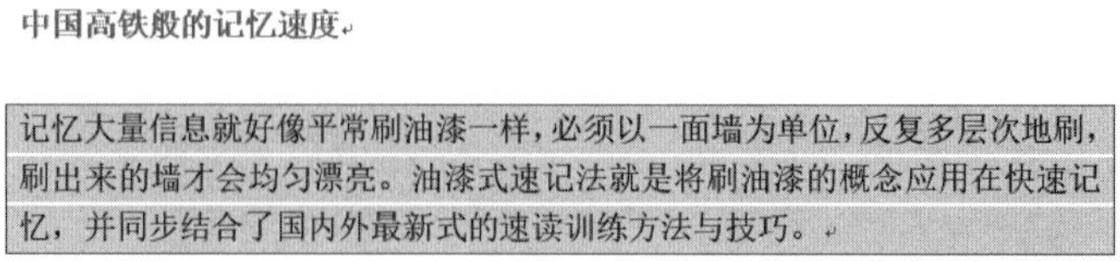

中国高铁般的记忆速度。

记忆大量信息就好像平常刷油漆一样，必须以一面墙为单位，反复多层次地刷，刷出来的墙才会均匀漂亮。油漆式速记法就是将刷油漆的概念应用在快速记忆，并同步结合了国内外最新式的速读训练方法与技巧。

图 4-26

4.3.4　用"字符缩放"变形文字

在默认情况下，中文字体显示的是方方正正的效果，而使用"字符比例"功能可以让中文字体拉长或压扁。在"开始"选项卡中单击"中文版式" 按钮，从下拉列表中选择"字符缩放"选项，就能对文字进行横向的缩放调整，使文字变胖或变瘦，如图 4-27 所示。

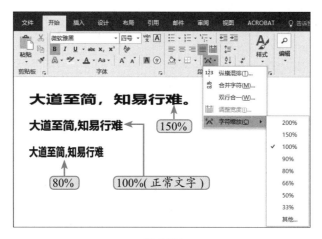

图 4-27

4.3.5　更改文字方向为直书 / 横书

在 Word 中，文字输入采用西式的编排，所以文字是从左到右排列的，但是中国古书采用的是直式排列，想要更改文字方向，可以通过"布局"选项卡中的"文字方向"按钮来更改成直书或横书（垂直或水平）。下面以"考卷 .docx"范例文件来进行说明，如图 4-28 所示。

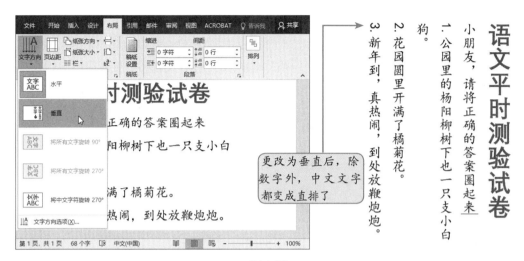

图 4-28

如果选择下拉列表中的"文字方向选项"，将会进入如图 4-29 所示的窗口，在其中可以设置把更改的内容应用于"整篇文档"或文件中的"插入点之后"。

4.3.6 纵横混排与双行合一

设置中文采用直书后，如果文件中出现数字，就会显示如图 4-28 所示的情况——数字被旋转 90 度。这种情况可以使用"纵横混排"的功能将它转回正确的角度，如图 4-30 所示。

图 4-29

图 4-30

在直书中，有时候需要把两行文字并列在一起，即同时显现在一行中。Word 的"并列字符"功能除方便将文字并列在一起外，也可以设置以括号的方式括住两列文字。这里以考卷作为示范，让学生可以在两个字中选择正确的文字。设置过程和效果如图 4-31～图 4-33 所示。

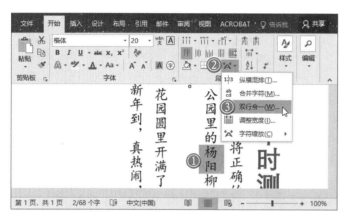

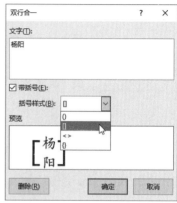

图 4-31　　　　　　　　　　　　　　　　　　图 4-32

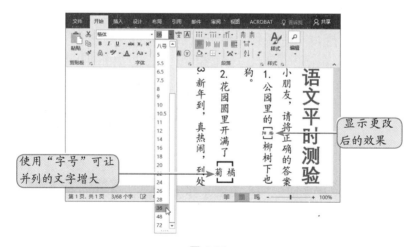

图 4-33

4.3.7　加入文本效果与版式

"开始"选项卡中的"文本效果和版式" 功能和"艺术字"功能相似，都可以应用阴影、映像、发光等效果，为文字加入动人的外观。不同的是，艺术字是以"对象"方式插入文件中，而 "文本效果和版式"按钮可直接对正文或标题进行设置。设置过程如图 4-34 所示。

图 4-34

4.3.8　显示 / 隐藏格式化标记符号

在编辑文件时，经常会看到一些格式标记符号，这些标记符号能方便用户进行布局或段落编排工作，所以我们必须知道各个标记符号所代表的图标与意义，如图 4-35 所示。而想要显示 / 隐藏这些符号，可单击"开始"选项卡中的"显示 / 隐藏编辑标记" 按钮进行切换。

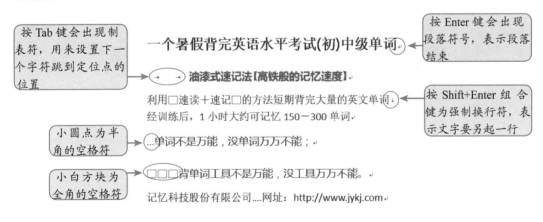

图 4-35

特别注意，"↵"和"↓"这两种标记乍看是两个段落，事实上它们的结构是不同的。以 Shift+Enter 组合键分出的两部分仍然属于同一个段落，将会共享相同的段落格式。

4.3.9 段落缩进

段落缩进用来增加或减少段落的缩进层级，让段落的效果更加分明。在"开始"选项卡中单击"增加缩进量"🔳 按钮会将段落向右移离左侧的边界（见图 4-36），单击"减少缩进量"🔳 按钮则会将段落移近左侧的边界。

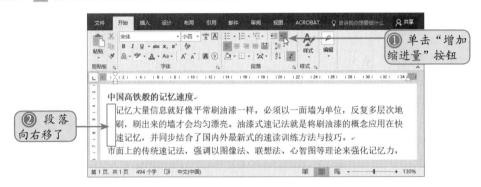

图 4-36

4.3.10 快速复制内容或段落的格式

当我们设置好文字或一个段落的格式后，如果想要在文件的其他地方设置相同的格式，那么可以使用"开始"选项卡中的"格式刷" 🖌格式刷 按钮来复制。先选择已设置好格式的内容或段落，单击"格式刷"按钮后，用鼠标拖曳选择要复制格式的区域，即可完成格式的复制，具体步骤如图 4-37 和图 4-38 所示。

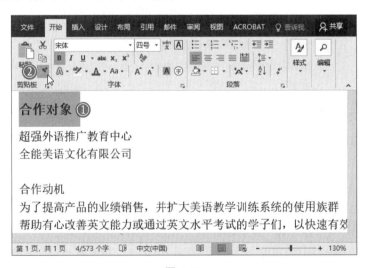

图 4-37

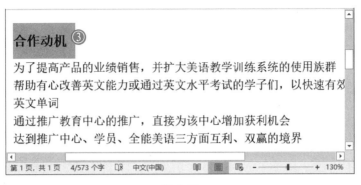

图 4-38

如果要进行多处的格式复制，那么在选择好要复制的内容或段落后，双击"格式刷"按钮，再按序单击要复制格式的地方，结束时再单击"格式刷"按钮即可。

4.3.11 标尺与制表符的设置

对于段落的设置，标尺和制表符是相当好用的工具，除前面介绍过的设置首行缩进外，设置段落缩进、制表符等都会用到标尺。

1. 段落缩进

以鼠标拖曳缩进按钮，即可控制整个段落向内缩进，如图 4-39 所示。

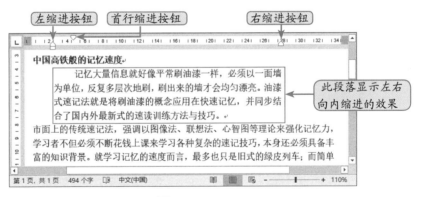

图 4-39

2. 制表符

在输入内容时，若按 Tab 键，则输入点的光标通常会跳到某个特定的位置，这是因为制表符的关系。使用制表符可以将文字内容对齐（见图 4-40），也可以控制文字的缩进。

常使用的制表符有如下 4 种。

- ⌞：左对齐式制表符，输入的文字会左对齐。
- ⊥：居中式制表符，输入的文字会居中对齐。
- ⌟：右对齐式制表符，输入的文字会右对齐。
- ⊥：小数点对齐式制表符，输入的文字若有小数点，它会按小数点对齐。

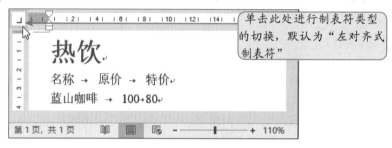

图 4-40

要使用制表符功能，首先要选择制表符的类型，然后单击标尺，按序加入制表符即可，拖曳制表符则可微调制表符的位置，若要删除加入的制表符，则将制表符从标尺上往下拖曳即可，具体步骤如图 4-41 和图 4-42 所示。

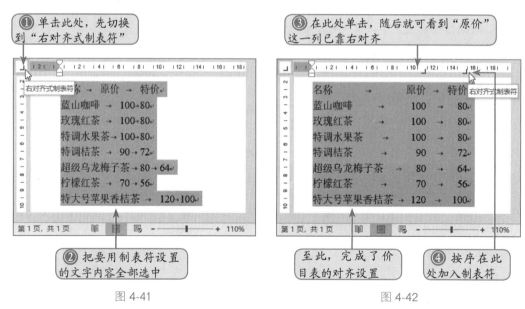

图 4-41　　　　　　　　　　　　　图 4-42

如果希望精确地设置制表符的位置，那么在"开始"选项卡的"段落"分组单击 按钮，在打开的"段落"窗口中单击"制表位"按钮，即可打开"制表位"窗口，自定义制表符的位置，如图 4-43 所示。

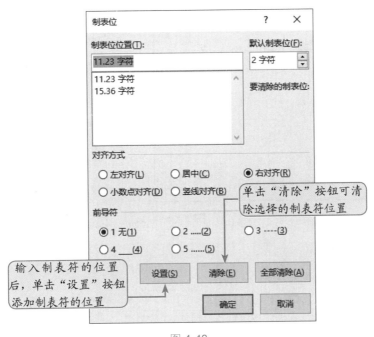

图 4-43

4.4　项目符号与编号

Word 提供了"项目符号""编号""多级列表"3 种类型的列表，使文件看起来条理分明，本节将分别介绍这 3 种列表类型。

4.4.1　应用与自定义项目符号

想要应用现有的项目符号，可单击"开始"选项卡中的"项目符号" 按钮，再从下拉列表中选择想要应用的样式即可。若从下拉列表中选择"定义新项目符号"选项，则可通过"符号"按钮来自定义项目符号的字符，具体步骤如图 4-44 和图 4-45 所示。

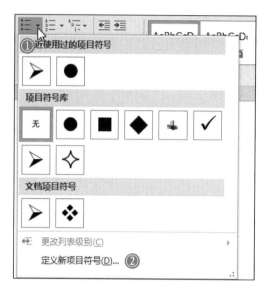

图 4-44

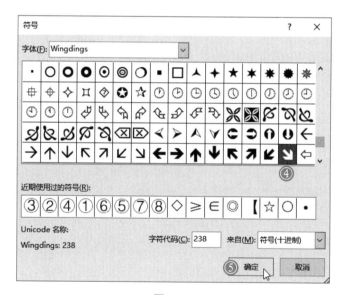

图 4-45

4.4.2 应用与自定义编号列表

要应用现有的编号，可单击"开始"选项卡中的"编号" ▤▾ 按钮，再从下拉列表中选择编号样式。若从下拉列表中选择"定义新编号格式"选项，则有更多的编号样式可以选择，具体步骤如图 4-46 和图 4-47 所示。

加入编号后，如果要指定编号的起始数值，可从下拉列表中选择"设置编号值"的选项，随后即可进入如图 4-47 所示的对话框指定数值。

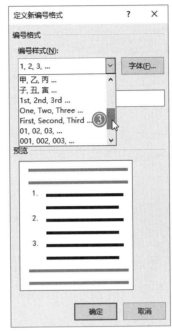

图 4-46

图 4-47

4.4.3 应用与定义多级列表

"多级列表" 经常应用在长篇文件的编辑中，用以组织项目或建立大纲。在设置多级列表前，可以先使用 Tab 键或"增加缩进量" 按钮来控制段落的层级。在选择要设置列表的区域后，在"多级列表" 按钮的下拉列表中选择"定义新的多级列表"选项，再按照层级顺序进行样式的设置，具体步骤如图 4-48~ 图 4-50 所示。

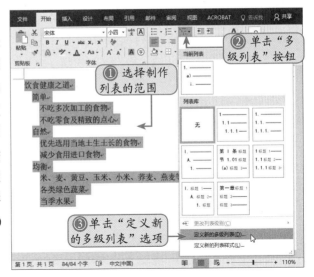

图 4-48

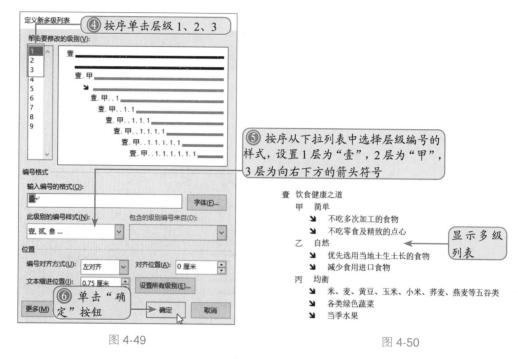

图 4-49   图 4-50

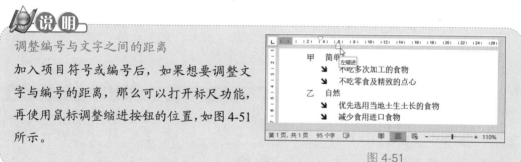

调整编号与文字之间的距离

加入项目符号或编号后，如果想要调整文字与编号的距离，那么可以打开标尺功能，再使用鼠标调整缩进按钮的位置，如图4-51所示。

图 4-51

4.4.4 文件中内嵌字体

在对文件进行排版时，为了让文字效果更丰富，通常会安装各种字体。为了避免印刷厂没有文件中所设置的字体，可以考虑在文件中内嵌字体。在"文件"菜单中单击"选项"命令，进入如图4-52所示的"Word选项"窗口后，在"保存"选项卡中勾选"将字体嵌入文件"复选框，再勾选"仅嵌入文档中使用的字符（适用于减小文件大小）"复选框，这样可减小文件大小。

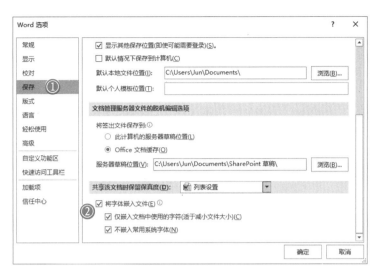

图 4-52

4.5　实践：文字与段落格式的设置

在前面的章节中，我们已经将文本文件整理并插入排版文件中，接下来进行文字段落设置。此处先对正文字体、大 / 小标题、突显强调的文字等几个重要格式进行设置，试排几页内容后，确定版面效果不错就可以了。这里不需要将整个文件内容编排完成，因为下一章还会介绍样式的使用，通过样式设置才能让版面整齐，并且排版起来有效率。自行打开本章提供的"01_ 多层次回转记忆 _ 文字段落 .docx"范例文件来练习。

4.5.1　设置段落的首行缩进 / 行距与段落间距

1. 删除空白段落

删除"第一章　多层次回转记忆"后的空白段落，同时删除第一行的书名，如图 4-53 所示。

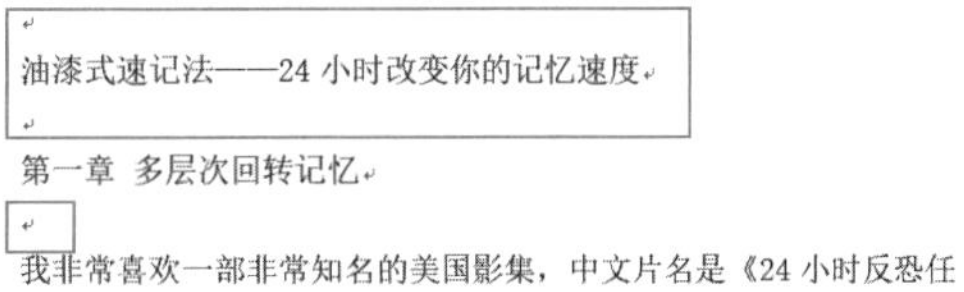

2. 设置段落缩进 / 行距 / 段落间距

选择"第一章　多层次回转记忆"后的段

落文字，在"开始"选项卡中的"段落"分组单击 按钮，打开"段落"窗口，在"缩进和间距"选项卡中将缩进下的特殊格式设为"首行缩进"，把"段前"和"段后"的间距设置为"0.5 行"，行距为"单倍行距"，如图 4-54 所示。

油漆式速记法——24 小时改变你的记忆速度

第一章　多层次回转记忆

我非常喜欢一部非常知名的美国影集，中文片名是《24 小时反恐任

图 4-53

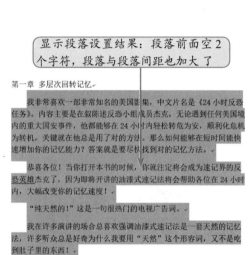

图 4-54

4.5.2 设置大小标题格式

1. 设置大标题字体

选择文件第一章的标题文字，在"开始"选项卡中单击"字体"按钮，在对应的下拉列表选择中"微软雅黑"，"字号"设为"三号"，并单击"字体颜色"按钮，从对应的下拉列表中选择紫色，将标题设置为紫色，如图 4-55 所示。

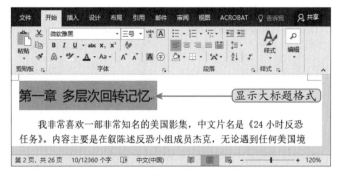

图 4-55

2. 设置小标题字体

选择 1-1 节的标题，用上面的方式设置为深蓝色，"小四"字号、"粗体"及"微软雅黑"，如图 4-56 所示。

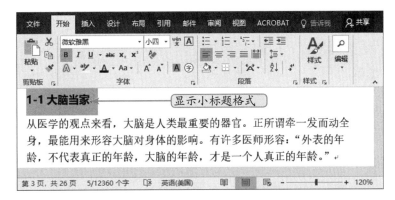

图 4-56

4.5.3 给突显强调的文字加粗

选择正文中要突显强调的文字，在"开始"选项卡中单击"粗体"按钮，使字体加粗，如图 4-57 所示。

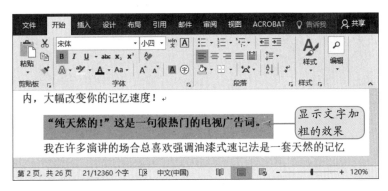

图 4-57

4.5.4 用"格式刷"按钮复制段落格式

选择 1、2 段文字，单击"开始"选项卡中的"格式刷"按钮，复制 1、2 段的格式，如图 4-58 所示。接着将鼠标移到 1-1 节，拖曳鼠标来选择该节的段落文字，应用新的段落格式，如图 4-59 所示。

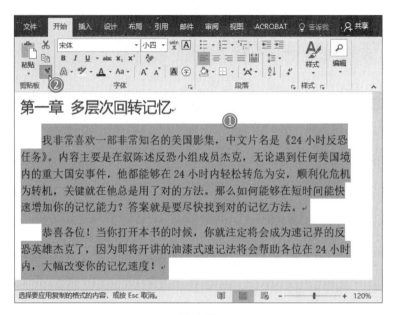

图 4-58

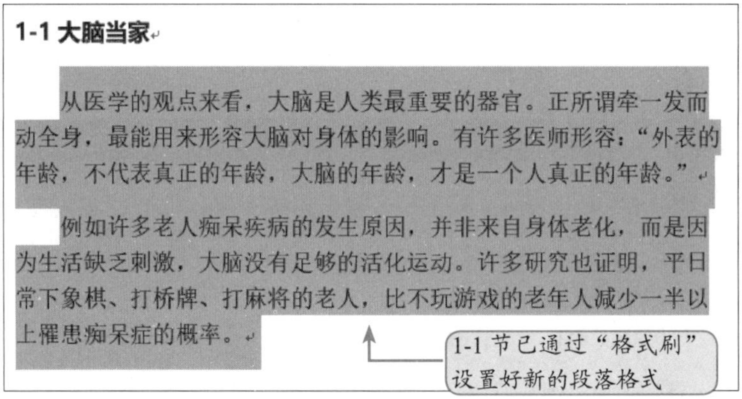

图 4-59

4.5.5　为区块加入底纹与边框

1. 设置边框效果

选择"提示"区域的文字段落，单击"开始"选项卡中的"边框"按钮，从下拉列表中选择"边框和底纹"选项，切换到"边框"选项卡，再选用"方框"样式，颜色为深蓝色，应用于"段落"，最后单击"选项"按钮，调整边框与文字的距离（距正文间距），具体步骤如图 4-60~ 图 4-62 所示。

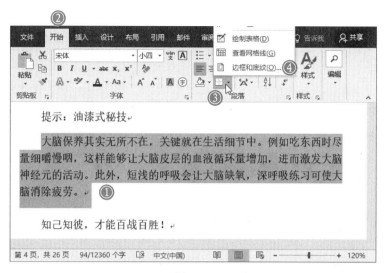

图 4-60

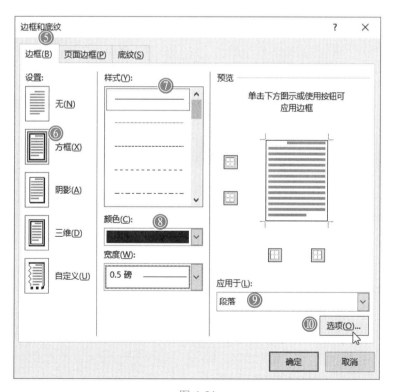

图 4-61

2. 设置底纹效果

切换到"底纹"选项卡，从下拉列表中选择浅蓝填充效果，应用于"段落"，最后单击"确定"按钮，至此完成文件"提示"段落的边框和底纹设置，具体步骤如图 4-63 和图 4-64 所示。

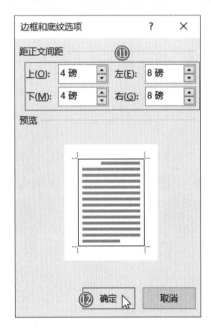

图 4-62

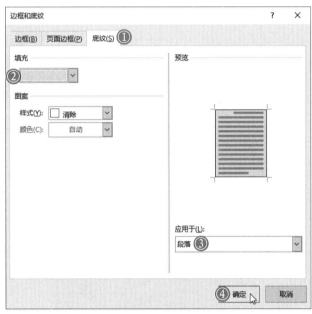

图 4-63

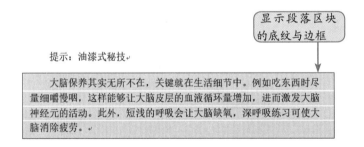

图 4-64

4.5.6 设置"提示"文字效果

1. 应用文本效果和版式

先按 Backspace 键删除"提示"前面的空格，选择文字后，单击"开始"选项卡中的"文本效果和版式"按钮，应用如图 4-65 所示的黑色文字。

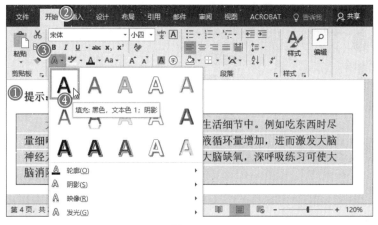

图 4-65

2. 更改文字格式与颜色

应用文字格式后，单击"开始"选项卡中的"粗体"按钮使文字变粗，并将文字颜色更改为红棕色，至此完成文字的设置，具体步骤如图 4-66 所示。

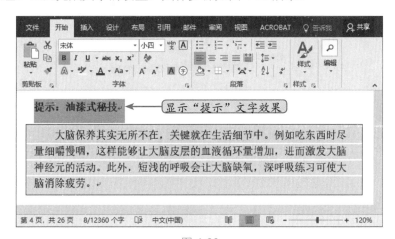

图 4-66

设置文字与段落格式，就能在版面上看出页面编排的效果。如果觉得满意，就可以将设置的格式转换成样式，以方便应用到其他文字上。关于样式的设置，我们将在下一章继续为大家说明。

第5章

样式编修的排版技巧

对文字与段落格式的设置熟悉后,接下来学习样式的设置。本章将和大家一起来了解样式的类型、创建、编修、管理与使用技巧,让大家可以灵活地将样式应用在排版中,如图5-1所示。

图 5-1

添加样式、更新样式、应用模板或主题等。

5.1 为何要使用样式

编排 Word 文件的过程中,大部分时间都在设置文字格式,这些格式设置包括字体格式、段落格式、列表、底纹、表格等。以标题为例,分层级的标题出现的比例相当高,在设置时就要多次重复相同的指令,偶尔有所闪失,同一层级的设置可能略有差异,尤其是设置较复杂的效果,不仅操作步骤烦琐费时,出错率也相对增加。而使用样式不仅能简化格式设置的步骤，而且修改或删除某一样式之后，其他相同样式的设置也能一并修正。

5.1.1　样式类型

Word 基准样式功能大致上可以分成如下 5 种类型。

- 段落：设置段落的格式，包含字体格式、段落格式、编号格式、边框、底纹等变化。
- 文字：设置字体格式。
- 链接的段落与文字：与段落样式相同。同时具有文字样式与段落样式功能，既可以对选择的文字设置字体格式，也可以对段落设置段落格式。
- 表格：设置表格的边框、底纹、字体格式和段落格式。
- 列表：设置字体格式和编号，可为不同的标题设置编号格式。

在创建新样式时，我们可以按照需求在窗口中选择适合的样式类型，如图 5-2 所示。

5.1.2　样式应用范围

"样式"是多种基本格式的集合，把需要的格式设置都加到样式库中，以后只要单击样式名称就可以应用，这样可以避免每次都要重复设置每一种格式，从而加快编辑的速度，而且不易排错格式，页面也能够整齐划一且清晰。微软所提供的样式库可用来

图 5-2

格式化文件的标题、段落、引述文字、强调文字、列表段落或正文。

5.2　样式的应用、修改与创建

首先介绍样式的应用与修改，同时学会如何将已设置好的格式创建成新样式，或者从无到有创建新样式。

5.2.1　应用默认样式

要快速应用样式，可从"插入"选项卡的样式分组进行挑选，或者单击"样式"分组旁的 按钮，随后"样式"窗格就会出现在主编辑窗口右侧。大部分样式操作都可通过"样式"窗格来进行，如图 5-3 所示。

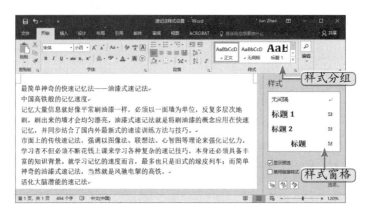

图 5-3

　　在应用样式时，与段落有关的样式设置，如正文、标题、副标题、引文、列表、段落等，只要输入点在段落上的任何位置上，就可以马上应用样式。其余与文字格式有关的快速样式，如斜体、粗体、强调、书名、引用、参考等，则必须在文字被选择的状态下才可以应用快速样式。

　　将文字输入点放在第一行文字上，单击"样式"窗格中的"标题1"，即可完成样式的应用，如图 5-4 所示。

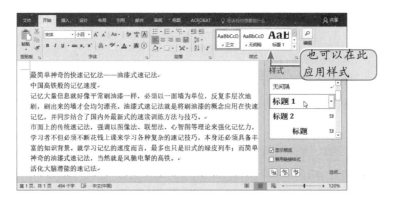

图 5-4

5.2.2　修改默认样式

应用 Word 默认样式后，如果不满意原先的样式设置，也可以加以修改，使之符合自己的需要。右击"标题 1"并选择"修改"选项（见图 5-5），进入"修改样式"窗口后，即可设置字体、大小、颜色等基本格式。若单击"格式"按钮，则可进行更细节的设置，如图 5-6 所示。结果如图 5-7 所示。

图 5-5　　　　　　　　　　　　图 5-6

图 5-7

5.2.3 将选定的格式创建成新样式

除修改默认样式外，也可以将自己设置好的文字格式创建成新样式。选择自行设置的文字，在"样式"格下方单击"新建样式" 按钮，输入新样式名称，再选择样式类型即可，具体操作如图 5-8 和图 5-9 所示。

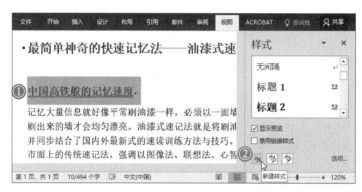

图 5-8

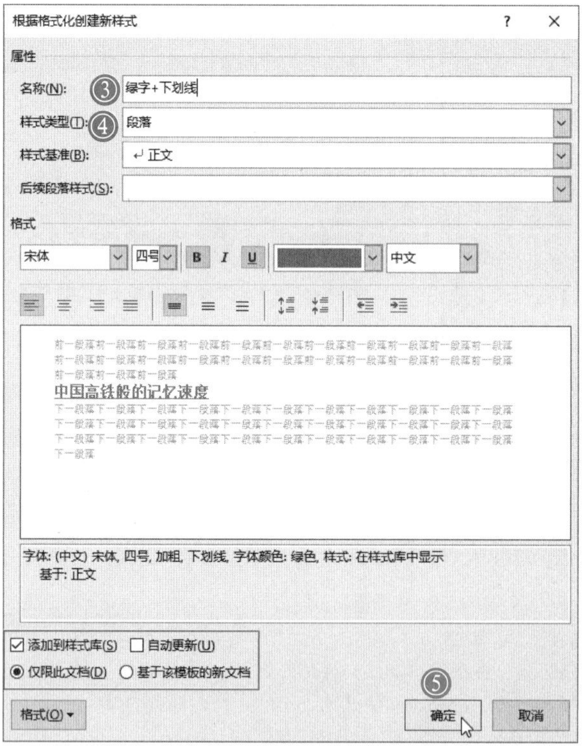

图 5-9

说明

保存与更新选项

窗口下方提供了如下 4 个选项。

- 添加到样式库：会将新创建的样式添加到功能区的样式库中。
- 自动更新：手动修改样式的格式后，样式库显示的样式会自动更新。
- 仅限此文档：选择该项后，样式的创建与修改仅在当前的文件内有效。
- 基于该模板的新文档：会将文件中样式修改的结果自动保存到模板中，让该模板新建文件时自动包含新样式。

在设置窗口中，由于样式类型选择了"段落"，因此只要单击该段落的任意一处，即可应用当前样式到该段落，如图 5-10 所示。

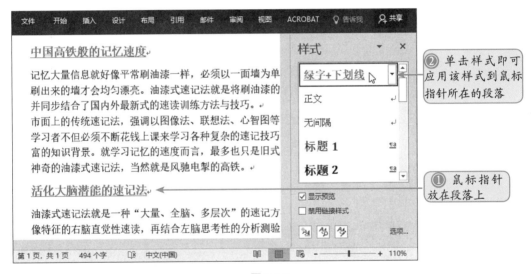

图 5-10

5.2.4　更新样式以匹配所选内容

对于已设置好的段落格式或文字格式，也可以在选取后将其应用到默认的样式名称上，让样式能匹配所选的文字段落，具体步骤如图 5-11 和图 5-12 所示。

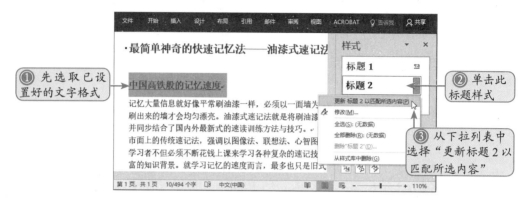

图 5-11

图 5-12

5.2.5 从无到有创建文字样式

前面已经对"段落"类型的样式有所了解，接着介绍从无到有创建"字符"类型的样式。下面以黑字阴影的文字格式来进行示范，具体步骤如图 5-13~ 图 5-16 所示。

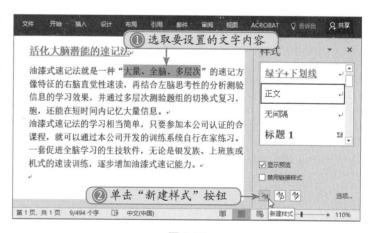

图 5-13

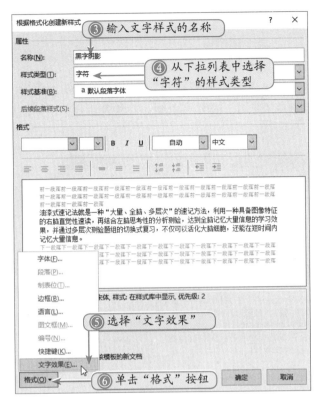

图 5-14

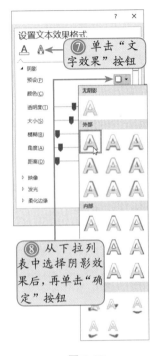

图 5-15

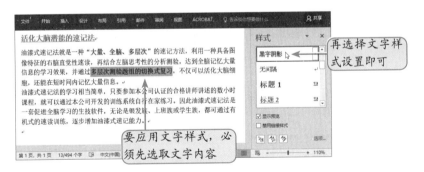

图 5-16

5.3 以模板与主题改变文件格式

模板和主题都是统一改变文件格式的工具，模板用来改变文件内所有的字体格式与段落格式，而主题还包含图形对象的效果。

5.3.1 以模板快速更改文件外观

"设计"选项卡的"文档格式"分组提供了各种模板，能让用户快速更改整份文件的字体和段落属性。而更改后的模板可从"样式"窗格中看到完整的设置效果，具体步骤如图 5-17 和图 5-18 所示。

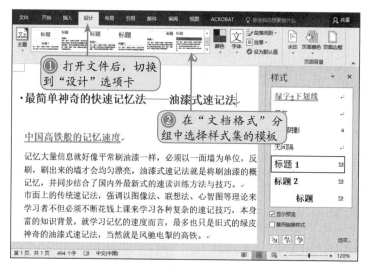

图 5-17

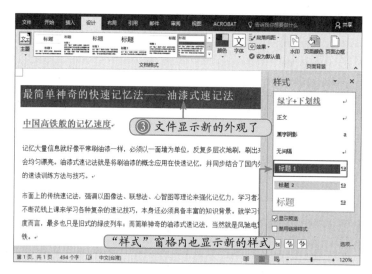

图 5-18

5.3.2 应用与修改 Office 主题

　　"设计"选项卡中的主题能让文件立即具备样式与合适的个人风格，因为每个主题都有其独特的颜色、字体和效果，可快速建立一致的外观与风格，如图 5-19 所示。应用后仍可分别对"颜色""字体""段落间距"和"效果"进行修改，使主题符合个人要求的配色方案、字体或效果，如图 5-20 所示。

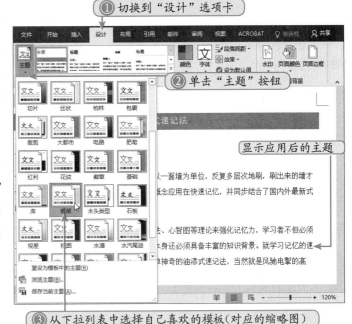

图 5-19

图 5-20

5.4 样式的管理与检查

学会样式的创建方式后，当然要知道如何管理样式与检查样式，学会样式的管理会让样式的使用更为便利。

5.4.1 样式检查器

样式检查器的主要功能是查看文件中所设置的样式和格式是否正确。检查方式很简单，打开文件后，在"样式"窗格中单击"样式检查器" 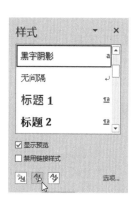 按钮（如图 5-21 的左图所示），就会显示出"样式检查器"窗格，鼠标指针所在位置的样式就会自动显示在"样式检查器"窗格中（如图 5-21 的右图所示）。

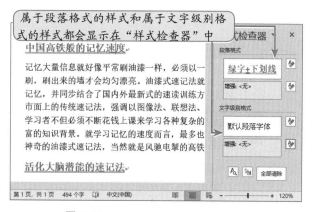

图 5-21

在正常的样式设置下，段落格式设置或文字级别格式设置的"增强"字段是不会有格式显示的，如果为某处内容设置了样式，又对内容手动设置了文字格式或段落格式，那么"增强"字段的格式就会显示出来，如图 5-22 所示。

如果在样式检查时发现"增强"字段之后有其他的格式设置，那么可单击"清除段落格式"按钮或"清除字符格式"按钮来清除格式。

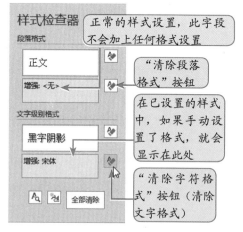

图 5-22

5.4.2 "样式"窗格只显示使用中的样式

在"样式"窗格中，我们会看到里面显示的样式相当多，所以有时候在寻找自定义的样式时总是要找很久。如果希望"样式"窗格中只显示使用中的样式，可以通过"选项"按钮来处理，如图 5-23 所示。

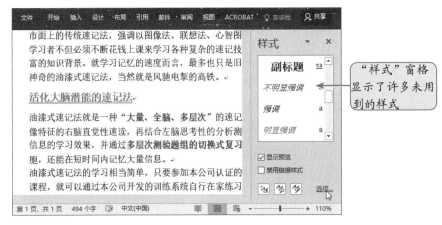

图 5-23

单击"选项"按钮后，在"选择要显示的样式"中选择"正在使用的格式"选项即可，如图 5-24 所示。

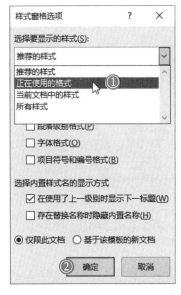

图 5-24

5.4.3 以样式快速选择多处相同样式的文字

当文件中有多处设置了相同的样式，通过"样式"窗格可以快速选择这些拥有相同样式的文字，如图 5-25 所示。

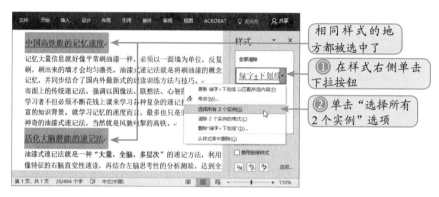

图 5-25

5.4.4 删除多余的样式

对于不再使用的样式，为了避免混淆，最好将其删除。在样式右侧单击下拉按钮，再选择"删除"选项即可，如图 5-26 所示。

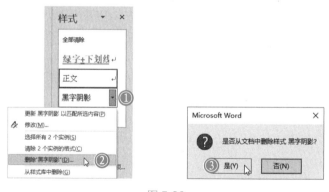

图 5-26

5.5 实践：样式的设置

前面已经设置了大标题、小标题、正文等格式，现在要将这些已设置好的格式转换成"样式"，方便日后应用。打开本章提供的实践范例文件"01_多层次回转记忆_样式设置.docx"。

5.5.1 将选择的格式创建成样式

1. 新建"正文第一行缩排"样式

选择已设置好的第一个段落，单击"新建样式"按钮，将样式名称设为"正文第一行缩排"，样式基准设为"无样式"，单击"确定"按钮完成该样式的设置，具体步骤如图 5-27 和图 5-28 所示。

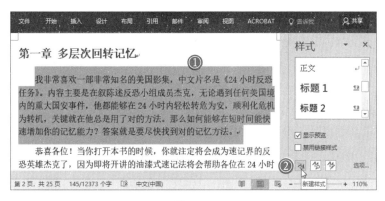

图 5-27

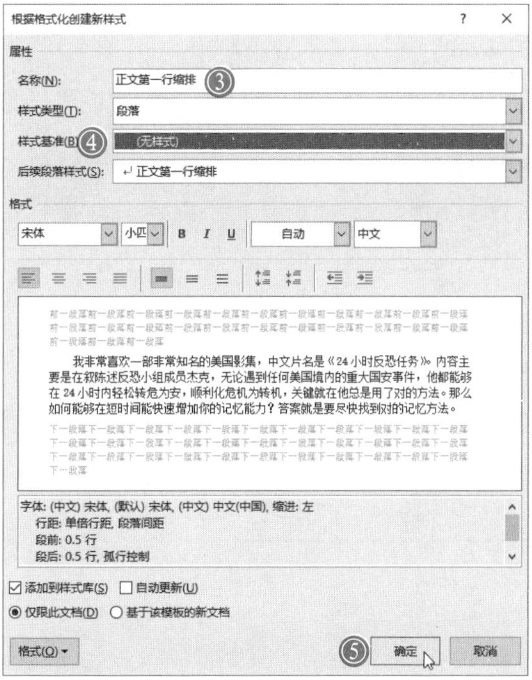

图 5-28

文件中第一段文字，虽然看起来第一行缩排（或称为缩进）了，但事实上还未应用刚刚设置的样式，所以要记得逐一将这些段落应用"正文第一行缩排"。

2. 新建"底纹加框"样式

选择已设置好浅蓝色底纹的段落，单击"新建样式"按钮，将名称设为"底纹加框"，样式类型设为"段落"，样式基准设为"正文"，如图 5-29 所示。

图 5-29

3. 新建"提示秘技"样式

选择已设置好的"提示"标题，以"新建样式"的方式完成样式设置，如图 5-30 所示。

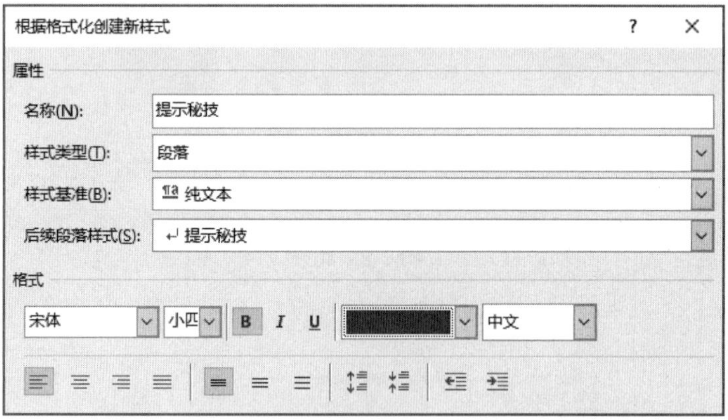

图 5-30

5.5.2　更新以匹配所选内容

1. 更新"标题 1"样式

选择前面设置好的章名，在"标题 1"样式的右侧单击下拉按钮，在下拉列表中选择"更新标题 1 以匹配所选内容"选项，完成标题 1 的更新，具体如图 5-31 和图 5-32 所示。

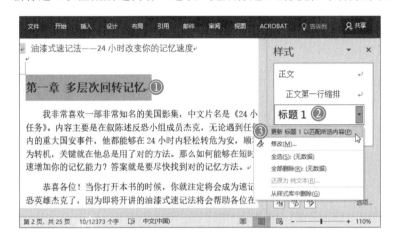

图 5-31

图 5-32

2. 更新"标题 2"样式

选择先前设置好的 1-1 标题，在"标题 2"样式的右侧单击下拉按钮，从下拉列表中选择"更新标题 2 以匹配所选内容"选项，完成标题 2 的更新，具体步骤如图 5-33 和图 5-34 所示。

图 5-33

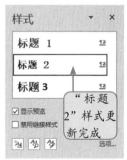

图 5-34

3. 更新"要点"样式

选择粗体字内容，在"要点"样式的右侧单击下拉按钮，在下拉列表中选择"更新要点以匹配所选内容"，完成样式的更新，如图 5-35 所示。

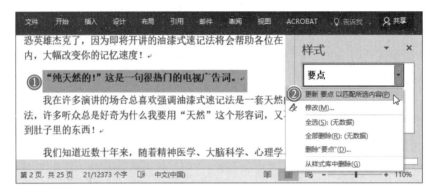

图 5-35

特别注意，样式库中的"标题 1""标题 2"等样式是与文件的大纲层级一致的，这与主控文档组合多个文件有相当大的关联，所以在此将章名设置为"标题 1"，意味着章名为"1级"，而 1-1 标题设置为"标题 2"，其显示的层级为"2 级"，如图 5-36 所示。

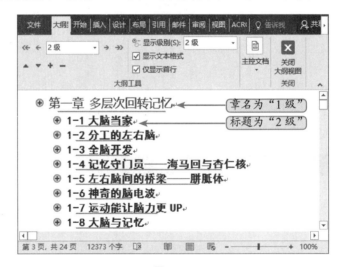

图 5-36

5.5.3 从无到有创建列表样式

把输入点放在列表位置上，直接在"样式"窗格中单击"新建样式"按钮，输入样式名称，样式基准设为"无样式"，然后设置为粗体、褐色字，单击"格式"按钮并选择"编号"。打开"编号和项目符号"窗口，切换到"项目符号"选项卡，选取自己喜欢的符号后，单击"确定"按钮，具体步骤如图 5-37 和图 5-38 所示。

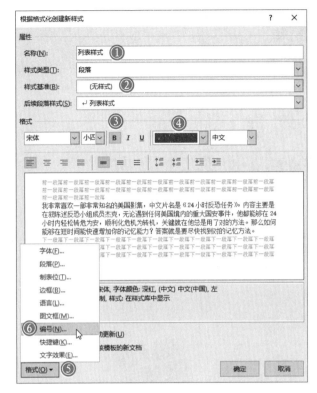

图 5-37　　　　　　　　　　　　　　　图 5-38

通过以上样式的创建，除加入图片外，范例文件中第一章的文字内容就可以编排了。读者可自行练习将第一章文字编排完成，完成后的文件可参阅"01_ 多层次回转记忆 _ 样式设置 OK.docx"。

第**6**章 Chapter 6

提高创建文件的效率
——善用模板进行排版

使用过模板的人都知道模板给排版人员带来很大便利，如果大家从未使用过模板，那么这一章一定不能错过，如图 6-1 所示。

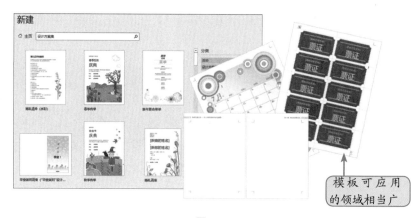

模板可应用的领域相当广

图 6-1

6.1 为何要制作模板

模板（Templates）又称为样式库，是一组样式的集合，同时包含版面的设置，如纸张大小、边界宽度、页眉和页脚等设置。如果在新建文件时能同时加载已设置好的模板，就能加速编排速度，省去机械式的重复设置操作，而直接开始新章节内容的编排。

6.1.1 模板的特色与应用

使用模板可以使文件的制作变得快速而高效，在模板中可以保存以下 3 种内容。

- 页面设置：包含纸张大小、边界、页面方向、分栏、页眉和页脚等相关设置，如图 6-2 所示。就如同第 2 章所学到的各种页面布局。

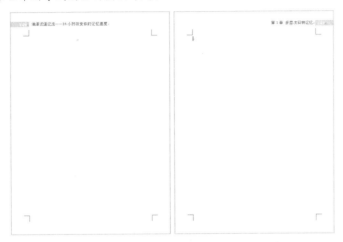

图 6-2

- 段落与文字样式：包含用户自定义的各种样式及 Word 内建的样式。就如在第 5 章中所学到的各种样式设置与编修，如图 6-3 所示。
- 版面编排内容：保存预先设置好的文本框、表格、图片或图形，就如同大家所下载的各种联机模板，如图 6-4 所示。

图 6-3

图 6-4

只要是经常使用的表格、每月例行的报告、合约、告示、书册排版等，都可以考虑将它们保存为模板。届时调出文件时，编修工作就只剩下文字和数据的处理，而不需要再耗费时间来编修文字格式。

6.1.2 模板格式

Word 文件的扩展名为 *.doc 或 *.docx，而 Word 模板文件的扩展名则为 *.dotx 或 *.dot。无论是普通文件还是模板，都是 Word 文件，不同的是模板文件可以创建其他类似的文件，让新建的文件可以承袭模板原先的设置。

6.1.3 把文件保存为模板文件

要将已设置好的文件存储为模板，可在"文件"选项卡中单击"另存为"选项，再单击"浏览"按钮，如图 6-5 所示。在"另存为"窗口，从"保存类型"下拉列表中选择"Word 模板"后，文件夹会自动切换到"文档 / 自定义 Office 模板"文件夹，然后直接单击"保存"按钮保存模板即可，如图 6-6 所示。

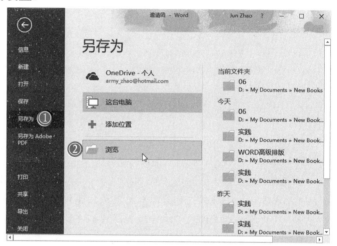

图 6-5

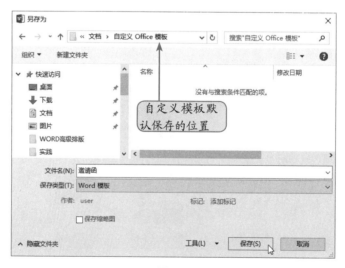

图 6-6

若从"保存类型"下拉列表中选择了"Word 97-2003 模板"，则适用于 Word 2003 及更低的版本。另外，选用"启用宏的 Word 模板"适用于 Word 2007 以上的版本，这种类型的模板可以包含 VBA 的程序代码。

6.1.4　打开自定义的 Office 模板

　　自己设置的模板要如何打开呢？很简单。在"文件"选项卡中单击"新建"选项，接着切换到"个人"，即可看到刚刚新建的"邀请函"，单击之后即可打开该文件，如图 6-7 所示。要注意的是，最终打开的文件并不是模板文件 *.dotx，而是未命名的普通文件 *.docx，如图 6-8 所示，随后直接编辑和修改内容就可以了。

图 6-7

图 6-8

6.1.5　默认个人模板位置

　　为了方便管理，大家也可以自行设置模板保存的位置。在"文件"选项卡中单击"选项"

命令，进入"Word 选项"窗口，切换到"保存"选项，再通过"默认个人模板位置"字段来设置保存的路径，如图 6-9 所示。

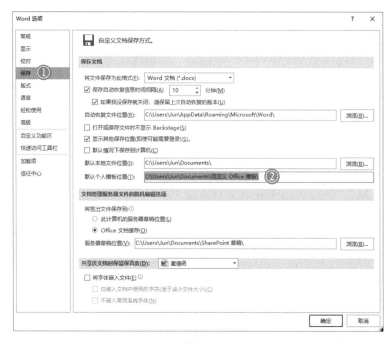

图 6-9

自定义个人模板存放的文件夹后，以后在文件夹中直接双击模板文件就会以未命名的文件在 Word 中显示出来。

6.2 模板布局技巧

除自己设计的模板外，我们还可以应用微软提供的各种联机模板。如果大家研究过微软提供的模板，就不难发现模板中常用的素材类型与应用技巧不外乎分栏、表格、文本框、文档部件与图案。这里大致为大家说明。

6.2.1 分栏式编排版面

以分栏方式编排版面是排版中经常使用的一个技巧，不仅图文安排更活泼且富有变化，阅读时也很自在。如图 6-10 所示为三折式折页册，就是先使用分栏功能分成三个版面，再分别在各栏中插入基本图案和文档部件的"文件摘要信息"。

图 6-10

6.2.2 以表格分割版面

表格在办公文件中应用得相当广泛，因为它可以自由组合复杂的表格形式，分割版面区块，使得文件看起来整齐美观。如果将表格分割后以无边框的方式显示，或者部分区块加入底纹，再将有样式设置的文字编排其中，就能让文件变得既专业又有美感，如图 6-11 所示。

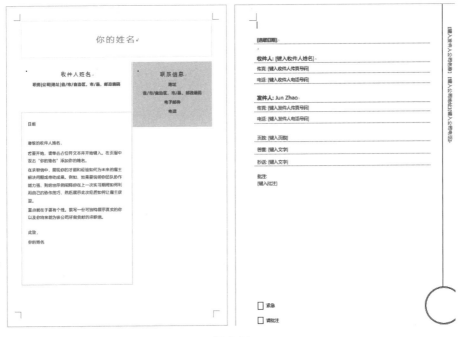

图 6-11

6.2.3 以文本框创建区块

　　使用文本框也是创建区块的一个好方法，文本框也是图案的一种，除可填充颜色，加入外框外，也可以加入图形效果，变化方式相当多，再加入文字样式的变化就可以变化出许多效果，如图 6-12 所示。

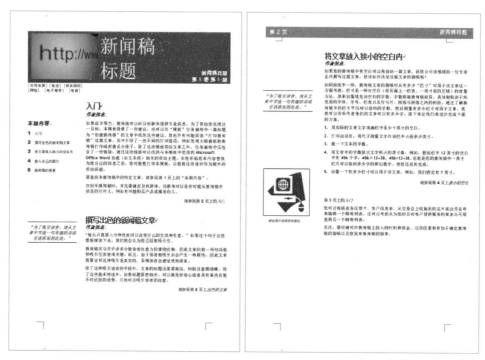

图 6-12

6.2.4 以文档部件构建基块

　　Word 的文档部件提供了各种文件摘要信息，可在文件中加入常用的基块，也可以自行将设计好的选择项目加入文档部件库中。另外，Word 也构建了各种基块，这些基块可在文件的任何位置插入默认格式的文字、文件摘要信息、自动图文集等，善用这些基块可以加快文件编辑的速度。微软的模板中经常可看到这些基块，如果要使用这些基块，可在"插入"选项卡中选择"文档部件"按钮。如图 6-13 所示为加入文档部件的实例。

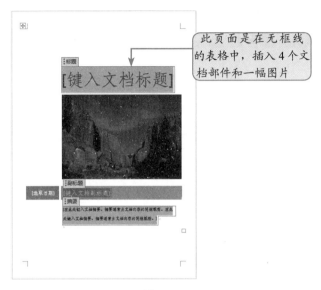

图 6-13

6.2.5 图案应用

图案功能在 Word 中是基本的绘图功能，基本的方形、椭圆形、三角形等几何造型可组合成各种复杂的图案，如图 6-14 左图所示为各种圆圈造型。如果右击图案，再选择"新建文字"选项，就可以在图案中加入文字。至于线条的使用，除应用于一般的图形外，也可以作为切割线或参考线来使用，如图 6-14 右图所示。

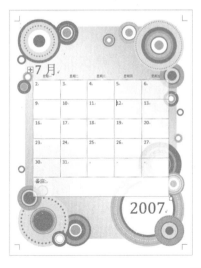
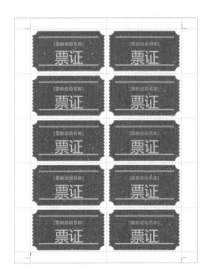

图 6-14

6.3 实践：创建与应用书册排版模板

在前面的实践中，我们已经顺利地将样式都设置完成，也为范例文件第一章的文字内容应用了样式。本节将把第一章设置好的版式布局、文字样式、段落样式保存为模板，以方便进行范例文件第二章内容的编排。

6.3.1 创建书册排版模板

（1）删除源文件内容：打开"01_ 多层次回转记忆 _ 模板保存 .docx"范例文件，选择第一章所有的内容，再按 Delete 键将其删除，如图 6-15 所示。

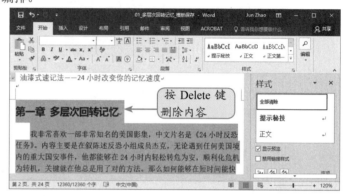

图 6-15

（2）另存为模板文件：在"文件"选项卡中单击"另存为"选项，再单击"浏览"按钮，如图 6-16 所示。打开"另存为"窗口（见图 6-17）后，从"保存类型"下拉列表中选择"Word 模板"，可在保存路径处设置想要存放的位置后，再输入文件名，最后单击"保存"按钮完成模板文件的保存操作。

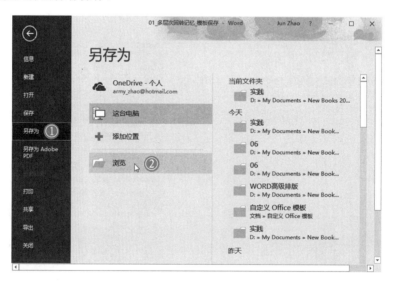

图 6-16

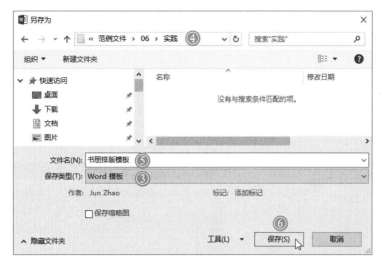

图 6-17

6.3.2 以模板文件新建文件

双击"书册排版模板 .dotx"文件对应的图标，以便打开未命名的空白文件，如图 6-18 和图 6-19 所示。

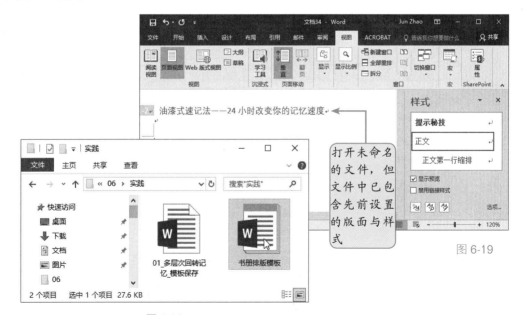

图 6-18

图 6-19

6.3.3 开始编修新文件

（1）导入纯文本文件到新文件：在"插入"选项卡中单击"对象"按钮右侧的下拉按钮，并从下拉列表中选择"文件中的文字"。打开"插入文件"窗口后，先将格式类型设置为"所有文件"，才会看到纯文本文件，单击文本文件后再单击"插入"按钮，将文本编码设为"Windows(默认)"，最后单击"确定"按钮即可完成文字内容的插入，具体步骤如图6-20~图6-23所示。

图 6-20

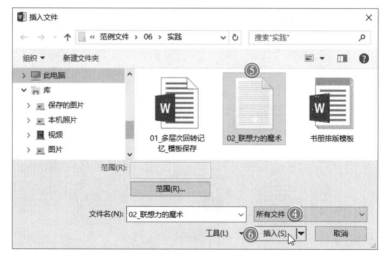

图 6-21

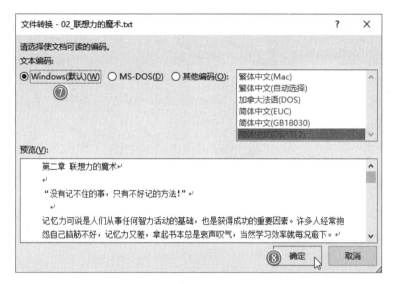

图 6-22

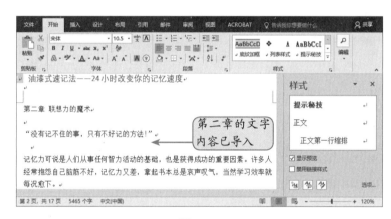

图 6-23

（2）修改章名与页码：双击偶数页的页眉处，进入页眉的编辑状态，先将偶数页的章号改为 2，如图 6-24 所示。接着切换到奇数页的页眉，修改章名与章号，修改完成后单击"关闭页眉和页脚"按钮离开页眉和页脚的编辑状态，如图 6-25 所示。

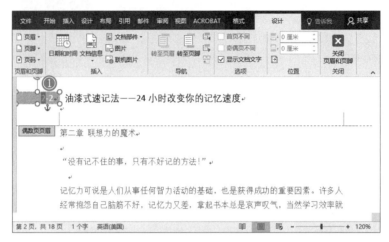

图 6-24

图 6-25

　　文字内容、章名和页码修正完毕后，就可以将文件另存成第二章，接下来按照前面章节介绍的方式继续设置样式就可以了。

第**7**章 Chapter 7

图文设置的排版技巧

对于文件的编辑，除注重段落文章的易读性与美观外，以插图来美化文件更是不可或缺的一部分。如何有效地运用图片或美工插图来强化文件的吸引力，以增加文件的可看性，便是本章要和大家探讨的重点。本章介绍的内容包括：图片的使用技巧、图片的设置、图片的编辑与格式设置等。善用图片来修饰文件除能突显文件的主题外，还具有美化页面的效果，所以我们必须掌握图文设置的排版技巧。

图 7-1

7.1 善用图片或美工图案修饰文件

在一个页面中，图片最容易吸引阅读者的目光，以图片说明文件的内容可以使文件表达的信息更加明确，而且以图片进行说明，即使没看到文字内容也能按图会意。善用图片确实能给文件带来画龙点睛的效果。下面提供几个要点供读者参考，以便读者可以对图片进行优化处理。

7.1.1 利用图片衬托文件信息

页面中放置的图片基本上用于补充文件的内容，引发读者的联想或共鸣，所以放置的图片一定要与文件内容相关联。如果随意放置插图，不但不会为文件加分，反而弊大于利。

在选择图片时要注意画面的质量，一般图片大多是位图，如果放大的比例过大，图片的质量就会变差，因此图片一定要经过审慎挑选，如图 7-2 所示。

放置的图片要与文件内容息息相关，并注意画质

图 7-2

说明

一般插入的图片大多是位图格式，如拍摄的数码照片，其格式大多为 *.jpg、*.bmp、*.png、*.tif 等，特点是颜色层次丰富，因为位图就是由一个个带颜色的像素组成的。如果图片较小，将它放大就容易看到锯齿状或不平滑的像素。

7.1.2 满版图片更具视觉张力

满版图片是指让图片充满整个页面，一直延伸到边界处。在印刷物的设计稿中，通常会将这种满版图片延伸到文件页面的外围，也就是在文件的上、下、左、右处各加大 3mm 的填充区域，这样当印刷完成后，以裁刀裁切时，即使对位不准确，也不会在文件边缘出现未印刷到的白色纸张，如此画面才会完美无缺。满版图片在视觉上较为突出，具有视觉张力，容易吸引观看者的目光，如图 7-3 所示。

满版的 Word 文件

图 7-3

7.1.3 剪裁图片突显重点

图片既然用于衬托与突显文件的信息，当然图片的意象也应该突显出来。Word 提供了图片裁剪的功能，我们可以利用构图法则（如黄金分割法则、三分法则等技巧）来裁剪图片，以裁剪出赏心悦目的构图。

黄金分割是一种特殊比例关系，其比值在经过运算后大概是 1:1.618。相信大家在剪裁图片时，应该没有那么多的时间进行短边 / 长边的比例运算，不过我们可以将画面以斜线一分为二，再从其中一半的三角形中拉出一条与那条直线垂直的线，将焦点放在该处基本就是黄金分割的构图了，如图 7-4 所示。

原图片　　　　　　　　　　　黄金分割剪裁图片让重点更突显

图 7-4

三分法则剪裁也是构图的技巧之一，以井字构图方式将主题定位在三等分的参考线上，其视觉效果比将主题放在画面中央更加吸引人。

剪裁图片除把多余的部分裁剪掉，改变图片的比例，使主题重点突显出来外，也可以通过剪裁来改变构图，尤其是原先的构图不能完全符合用户的需求时，就可以通过裁剪的方式来改变构图，如图 7-5 所示。

原图片　　　　　　　　　　通过裁剪将竖式画面裁剪成横式画面

图 7-5

7.1.4　善用生动活泼的美工插图

除实际拍摄的照片外，美工插图也能使文件更生动有趣。美工图案不同于写实照片能带给观看者真实的感受，美工图案大多以幽默、趣味或拟人的手法来表达意象，尤其是现实生活无法呈现的意念，就可以通过美工图案来呈现，如图 7-6 所示。

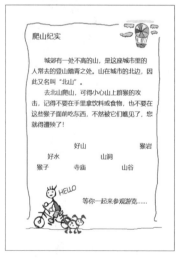

图 7-6

美工图案大多属于向量图，因为是通过数学运算方式计算而来的几何图形，只记录了图形的坐标与图点间的距离，所以文件尺寸较小，而且在将图形放大时，线条仍保持平滑无锯齿。早期微软的"多媒体艺廊"中所提供的美工图案大多属于向量图，插入这种类型的图案还可以对图案进行拆解、组合、换色等处理，使美工插图符合文件的需求。目前微软已不再提供"多媒体艺廊"的功能，取而代之的"联机图片"功能则以位图为主。

7.1.5 多样的图片外框

Word 文件中所使用的图片并非一定要方方正正才行，使用基本图案的造型也可以将图片嵌入图案中，还可以通过"格式"设置为图片加入样式的变化，如图 7-7 所示。

素食可长寿

素菜无毒，肉有毒

素食菜肴大多是出自土地生长的，各种蔬菜、大豆、地瓜、海藻与水果等，既富营养、又无毒素。这类食物可使血液保持碱性，在医学上称为"碱性食物"。肉类食品吃了，能使血液呈酸性，故肉类称为"酸性食物"。素食之人，血液清，故循环快，使人身体清爽，精力充沛，思考敏捷，富于耐力，而且长寿。如第一届奥林匹克运动会的游泳冠军茂林罗斯，他的速度惊人，持久有力，是颇负盛名的运动家，他是一位素食者。

著名法国的化学家建德报告，他发现"肉食会导致食物的慢性中毒"，因为肉类食品的来源，多为牛、羊、猪、鸡、鸭等动物。而这些动物在情绪紧张，或是恐怖、生气的时候，体内会分泌一种毒素，并迅速扩散至全身的微血管及肌肉，这种有毒的分泌物，通常都是通过新陈代谢的作用排出体外，或是通过大小便排出体外，如果这些动物在恐怖或愤怒之时被杀死亡，身体器官因停止活动，这种有毒分泌物无法排泄出去，仍残存于血肉之中，人类如果吃了这种肉，等于吃进毒素，所以吃肉等于慢性中毒。

图片嵌入半圆形的图案中，并加入阴影效果

图 7-7

7.1.6 沿外框剪下图片——图形背景消除处理

在正常情况下，图片都会被围在四边形的方框中，当图片或图形放在有颜色的背景上时，就会觉得突兀（如图 7-8 左图所示），而经过背景消除处理的图片就能和有色的背景完美结合（如图 7-8 右图所示）。

图片在有底色的背景上　　　　　　　　图片进行背景消除处理后的结果

图 7-8

如果图片或图案的背景色调不太复杂，那么可直接在 Word 中进行背景消除处理。经过背景消除的图案在进行图文排版时更加灵活，也与文字更贴近，画面效果自然比较好。

7.2 图文设置技巧

前面已经介绍了如何使用图片来修饰文件，本节开始探讨插入图片的方式以及图文设置的各种技巧，以使排版出来的文件能显现多样的变化，不再是图文各自独立，毫无关联性。

7.2.1 从文件插入图片

Word 允许用户将外部的位图或向量图插入文件中，无论是公司的商标还是解说文件内容的图片、图像等，都可通过"插入"选项卡中的"图片"按钮来插入。具体步骤是，先设置图片要插入的位置，再单击"图片"按钮，打开"插入图片"窗口，从中选择要插入的图片，最后单击"插入"按钮即可插入图片，具体步骤如图 7-9 和图 7-10 所示。

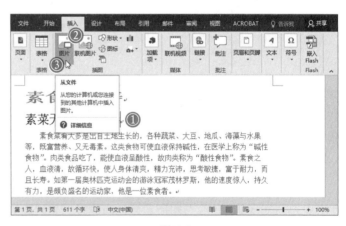

图 7-9

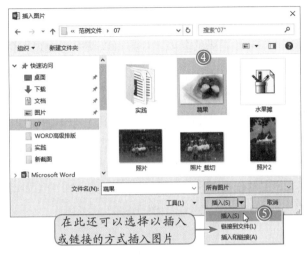

图 7-10

7.2.2　将联机图片插入文件中

除将计算机上的图片文件插入 Word 文件外，也可以从网络上搜索所需的图片。在"插入"选项卡中单击"联机图片"按钮，在"必应图像搜索"字段中输入要搜索的图片名称，单击"搜索"按钮后，勾选想要使用的图片，最后单击 Insert 按钮即可插入联机图片，具体步骤如图 7-11和图 7-12 所示。

图 7-11

图 7-12

7.2.3 从屏幕截取图片

　　屏幕截图是 Word 2010 开始提供的功能，用户可以使用 Word 屏幕截图工具将想要截取的屏幕画面直接插入目前的文件中。使用前先打开想要截取的画面，再单击"插入"选项卡中的"屏幕截图"按钮执行截图操作，具体步骤如图 7-13 和图 7-14 所示。

图 7-13

图 7-14

7.2.4　在页眉处插入插图

前面介绍的方式都是常使用的方式——将插图插入文件中，只要在文件中用鼠标设置要插入图片的位置，然后单击"插入"选项卡中的插入按钮即可。也可以在"页眉"处插入插图，如边框图案、背景底纹、稿纸、名片框等。如图 7-15~ 图 7-17 所示为一些实例。

双击"页眉"处，进入页眉编辑状态

红色边框可通过"插入"选项卡的插入按钮加到文件的页面中

图 7-15

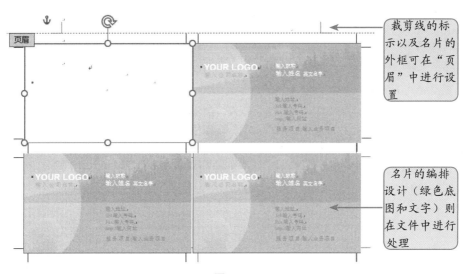

裁剪线的标示以及名片的外框可在"页眉"中进行设置

名片的编排设计（绿色底图和文字）则在文件中进行处理

图 7-16

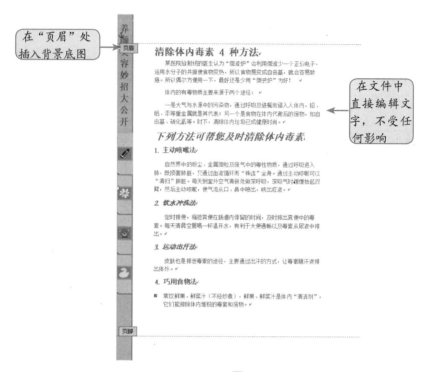

图 7-17

有些人可能会使用"设计"选项卡中的"页面颜色"功能选项，再选择下拉列表中的"填充效果"选项，在弹出的"填充效果"窗口中单击"图片"选项卡，最后单击"选择图片"按钮来将底纹插图插入文件中，但是以这种方式显示的背景图在打印时容易出问题，建议不要使用此方式来插入背景底图。

7.2.5　图片排列位置与文字环绕设置

将图片插入文件后，如果要根据页面的排版需求来调整图片与文字的排列位置，那么在选定图片的状态下，在"格式"选项卡中单击"位置"下拉按钮，即可快速将图片定位在上、中、下、靠左、靠右等不同的位置，可以让文字自动环绕插图，如图 7-18 所示。

图 7-18

另外，"格式"选项卡提供的文字环绕方式有如图 7-19 所示的几种。也可以单击要插入的图片，通过图片右上角的  按钮进行图片文字环绕设置。

图 7-19

默认的文字环绕方式是"嵌入型"（注意：界面中有些地方显示的是"文字环绕"，有些地方显示的则是"环绕文字"，意思都一样），选择不同的设置会让画面呈现不同的效果。如图 7-20 左图所示，图片作为底色插图，即选择"衬于文字下方"的编排方式。若图片作为文章的辅助说明，则可选择"四周型"或"紧密型环绕"（如图 7-20 右图所示）的编排方式。

图片当底，选择"衬于文字下方"的编排方式　　　图片作为辅助，选择"紧密型环绕"的编排方式

图 7-20

如果插入的是向量式美工图案，如图 7-21 所示插入"水果摊 .wmf"向量图，选择"穿越型环绕"的图文环绕方式，就可以让文字沿着图片的不规则边缘进行排列。

① 插入向量式美工图案

② 选择"穿越型环绕"或"紧密型环绕"的文字环绕方式

文字围绕美工插图的边缘排列

图 7-21

说明

文件中插入图片的默认方式

在默认情况下，文件中插入的图片都是"嵌入型"的，如果在排版时希望插入的图片能自动呈现某一特定的文字环绕方式，如"浮于文字上方"，那么可使用"文件"选项卡中的"选项"命令进行修改，如图 7-22 所示。

图 7-22

7.2.6 编辑文字区顶点

当美工图案与文字紧密排列时，有时会因为图案造型的关系而切断文字的连贯性，如图 7-23 所示。

遇到这样的情况时，可以在图片上右击，再选择"环绕文字 / 编辑文字顶点"选项，此时图片周围会出现许多黑色顶点，如图 7-24 和图 7-25 所示。

图 7-23

图 7-24

另外，要避免图片切断文字的连贯性，除使用"编辑环绕顶点"功能进行调整外，也可以右击图片，再一次选择"环绕文字 / 其他布局选项"命令，接着切换到"环绕文字"选项卡，再到"环绕文字"中选择方向即可，具体步骤如图 7-26 和图 7-27 所示。

图 7-25

图 7-26

图 7-27

7.3　图片编辑与格式设置

对图文设置方式有所了解后，本节进一步说明图片的编辑与格式，因为 Word 不仅能进行图文的设置，还拥有绘图软件所提供的裁剪、尺寸修正、翻转、旋转、图片样式、艺术效果、背景消除等处理能力，使得一些专业的图片效果可以直接在 Word 中处理，而不需要通过其他绘图软件"帮忙"。

7.3.1　裁剪图片

插入的图片不见得所有的画面效果就是自己想要的，可能有多余的部分需要裁剪，裁剪图片时可以利用图片四边和四角的 8 个控制点。另外，裁剪图片时可以指定长宽比例，也可以裁剪成特别的图形，如图 7-28 所示。需要注意的是，在 Word 2016 版（含）之后，如果选中的是图片，那么菜单名不再显示"格式"，而是显示为"图片格式"，如图 7-29 所示。

图 7-28

图 7-29

1. "格式 / 裁剪 / 裁剪"命令

选择"格式"（新版为"图片格式"）选项卡中的"裁剪"选项，再从下拉列表中选择"裁剪"命令后，会在图片四角和上下左右四边出现如图 7-30 所示的控制点，用鼠标拖曳任意一个控制点就能改变剪裁的位置，调整后在图片之外单击即可完成裁剪。

用鼠标从左往右
拖曳控制点至此

显示裁剪的
位置与范围

图 7-30

2. "格式 / 裁剪 / 裁剪为形状"命令

选择"格式"选项卡中的"裁剪"选项，再从下拉列表中选择"裁剪为形状"命令后，可以自行选择要应用的基本图案，具体步骤如图 7-31 和图 7-32 所示。

图 7-31

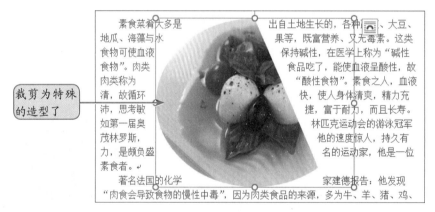

图 7-32

3. "格式 / 裁剪 / 纵横比"命令

选择"格式"选项卡中的"裁剪"选项，再从下拉列表中选择"纵横比"命令后，可以指定将图片裁剪成方形、纵向或横向的各种比例。当出现控制点时，还可以使用鼠标移动图片，调整裁剪的位置，具体步骤如图 7-33 和图 7-34 所示。

图 7-33

图 7-34

7.3.2　精确设置图片的大小

　　想要指定图片的精确尺寸，可用"格式"选项卡中的"大小"分组进行高度与宽度的设置，如图 7-35 所示。

单击"大小"分组旁的 按钮，将会打开如图 7-36 所示的窗口，可在"大小"选项卡中指定图片大小的绝对值，或以百分比来调整图片大小。

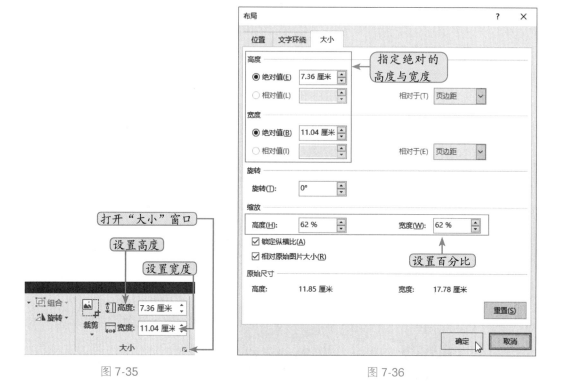

图 7-35　　　　　　　　　　　　　　　图 7-36

7.3.3　旋转与翻转图片

有时因为角度的关系或视觉效果的考虑，需要将插入的图片进行旋转或翻转，可在"格式"选项卡中单击"旋转"按钮进行翻转或旋转的设置，如图 7-37 所示。

也可以用鼠标按住图片上方的 按钮任意旋转图片，如图 7-38 所示。

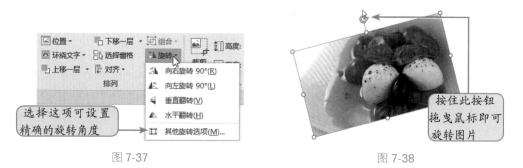

图 7-37　　　　　　　　　　　　　　　图 7-38

7.3.4 应用图片样式

微软也像绘图软件一样提供了各种既专业又有艺术效果的样式，只要在"格式"选项卡中单击"图片样式"分组的下拉按钮，就可以为图片设置各种优美的边框效果。如果应用后有不满意的地方，还可对"图片边框"和"图片效果"进行更改，如图 7-39 所示。

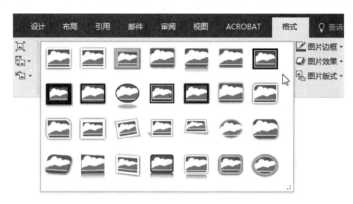

图 7-39

7.3.5 艺术效果的设置

"格式"选项卡中的"艺术效果"按钮提供了各种画笔效果，如标记（麦克笔）、铅笔、粉笔、画图笔画、画图刷、玻璃、纹理化、十字图案蚀刻、水彩海绵效果等（见图 7-40），只要把鼠标移到缩略图上就可以预览其效果。

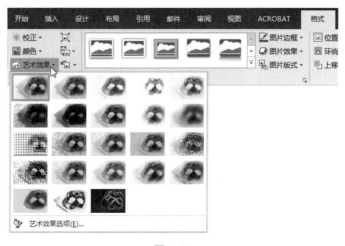

图 7-40

7.3.6 图片校正与变更颜色

"格式"选项卡中的"校正"功能提供了锐化、柔边、亮度、对比度等效果，而"颜色"功能则提供了颜色饱和度、色调、重新着色等多重选择。若从下拉列表中选择"其他变体"选项，则可以自定义重新着色的颜色，如图 7-41 所示。

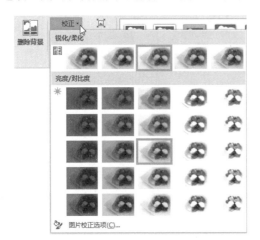
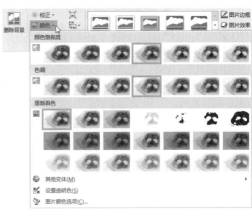

图 7-41

7.3.7 删除图片背景

当为文件背景设置了颜色时，如果插入的图片仍留有白色背景，画面看起来就会不专业。以往要将图片设置为透明颜色，必须使用 Photoshop 等专业绘图软件，现在在 Word 程序中就可以进行简单的背景消除处理了。

在"格式"选项卡中单击"删除背景" 按钮，此时计算机会自动将白色背景变成桃红色区域，确认没问题时，单击"保留更改"按钮就能完成背景消除处理，如图 7-42 和图 7-43 所示。

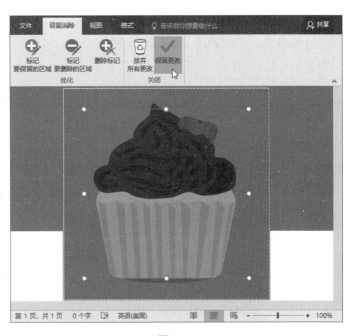

图 7-42

另外，在"格式"选项卡中单击"颜色"按钮，从下拉列表中选择"设置透明色"选项，此时鼠标会变成  图标，如图 7-44 所示，单击白色背景，也能完成背景消除处理。

完美消除了白色背景

图 7-43

图 7-44

7.3.8　压缩图片

当文件中插入大量图片后，如果图片的分辨率较高，文件的大小也会剧增，插入的图片越多，就会使得文件的处理速度变得越慢。如果很多图片都经过了裁剪，那么不妨考虑压缩图片，让那些被裁剪掉的部分彻底从文件中删除，而不是被隐藏起来。

在"格式"选项卡中单击"压缩图片" 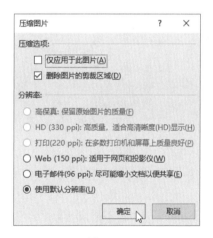 按钮，勾选"删除图片的剪裁区域"复选框，这样才能真正将图片被裁剪掉的部分从文件中删除，如图 7-45 所示。

压缩图片 ? ×

压缩选项：
☐ 仅应用于此图片(A)
☑ 删除图片的剪裁区域(D)

分辨率：
○ 高保真：保留原始图片的质量(F)
○ HD (330 ppi)：高质量，适合高清晰度(HD)显示(H)
○ 打印(220 ppi)：在多数打印机和屏幕上质量良好(P)
○ Web (150 ppi)：适用于网页和投影仪(W)
○ 电子邮件(96 ppi)：尽可能缩小文档以便共享(E)
● 使用默认分辨率(U)

确定　取消

图 7-45

7.3.9　设置图片格式

当我们在"格式"选项卡的"图片样式"分组中单击 按钮后，会在窗口右侧显示"设置图片格式"窗格，里面包含填充与线条、效果、布局属性、图片等类型，直接单击这些按钮即可进行切换与设置，如图 7-46 和图 7-47 所示。

填充与线条设置

效果设置

图 7-46

布局属性设置

图片设置

图 7-47

7.3.10 导出文件中的图片

Word 允许用户将文件中的图片转存出来，右击图片，在弹出的快捷菜单中选择"另存为图片"选项即可，如图 7-48 所示。这种方法可将图片转换成 4 种格式：可移植网络图形（*.png）、JPEG 文件交换格式、图形交换格式（*.gif）、TIF 图像文件格式、Windows 位图（*bmp），如图 7-49 所示。

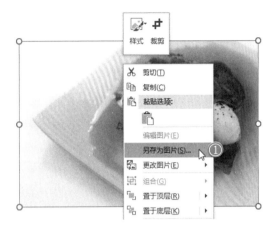

图 7-48

图 7-49

如果文件中的图片很多，想要一次性把所有图片都转存出来，那么可以使用"文件"选项卡中的"另存为"选项，再将"保存类型"设为"网页"，这样转存出来的图片都会转换为 JPEG 的格式。

7.4 实践：图片与文字的组合搭配 ≪≪≪

在前面的章节中，我们已经顺利使用"样式"功能对第一章内容进行编排，也学会了如何制作模板，并将其应用到第二章文件的排版中，接下来将文件中的图片逐一插入，使它们与文字排列在一起。

由于对书进行排版时，通常作者会将图片的文件名一并显示在书稿上，因此只要按照标示插入图片，通过"格式"选项卡的各项功能来设置图片格式，让图文在页面上显示出视觉的美感与舒适感就可以了。打开本章提供的"01_多层次回转记忆.docx"范例文件，一起进行图片的插入与图文搭配的设置。

7.4.1 插入图片

首先标记选取的图片，按Ctrl+X组合键将文字剪切下来，接着单击"插入"选项卡中的"图片"按钮，进入"插入图片"窗口，再按Ctrl+V组合键将文件名粘贴到"文件名"字段中，最后单击"插入"按钮将图片插入文件，具体步骤如图7-50和图7-51所示。

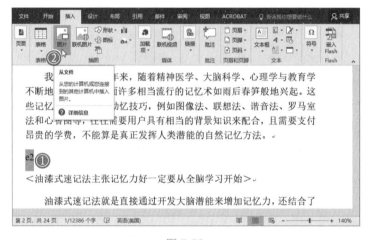

图 7-50

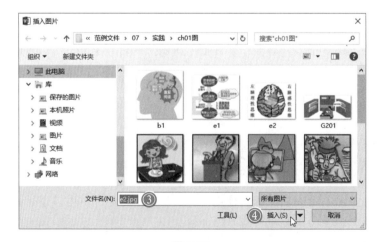

图 7-51

7.4.2 调整图片大小与对齐方式

在排版时，图片的大小有时候要根据页面的空间多少来进行适当的调整，这里我们将把图片排列到上一页的底部，通过"格式"选项卡的"大小"分组来调整图片的宽度。选择图片后，将宽度的数值更改为"5 厘米"，如图 7-52 所示。图片上移到上一页后，在"开始"选项卡中将图片与其说明文字设置为居中对齐方式，如图 7-53 所示。

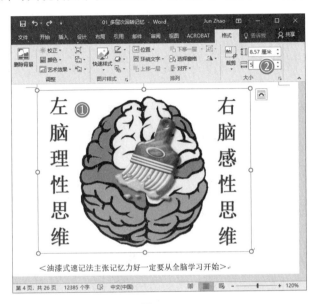

图 7-52

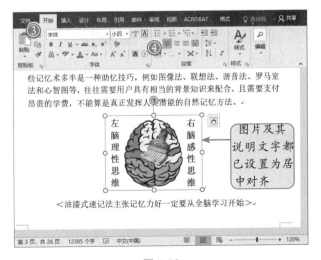

图 7-53

7.4.3 并列图片与图片样式的设置

在进行版面编排时，基本上是按照作者的意愿进行图文搭配，但也可以在不影响作者意愿的情况下调整图文的位置。让 S1 与 S2 两幅图并列在一起，同时加入图片样式，让两幅图能显示在同一页面中，方便读者对照查看，具体步骤如图 7-54 ～图 7-56 所示。

① 将 S1 的图与说明文字分别剪切下来，此图已经剪切掉了

右脑的功能就像个充满创意的艺术家，主要从事形象图形、空间、节奏、方位、直觉、情感等形象思维能力，是大脑创意的源泉。平常喜欢看电影、听音乐、唱歌这类跳跃和创意型活动的读者，就是右脑的爱好者。

s1 → s2

＜左脑像一位一板一眼的演说家＞ ＜右脑像一位创意满满的艺术家＞

【大脑性向小测验】

② 将其粘贴到 S2 的前面

图 7-54

③ 将两幅图片插入后，调整图片大小为"5.5 厘米"，使之并列，并设置图片和说明文字为居中对齐

图 7-55

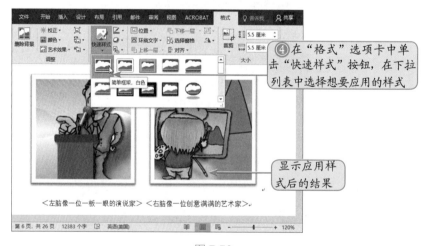

④ 在"格式"选项卡中单击"快速样式"按钮，在下拉列表中选择想要应用的样式

显示应用样式后的结果

图 7-56

7.4.4 设置图旁文字环绕效果

在范例文件的 1-6 节处，我们希望"脑电波"插图有图旁文字环绕的效果，但是因为图片的说明文字必须与图片在一起，所以我们将以文本框来处理图片的说明文字，使其变成对象，这样方便增加图旁文字环绕的效果，具体步骤如图 7-57~ 图 7-59 所示。

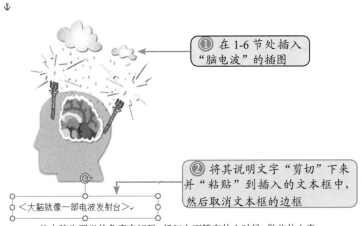

图 7-57

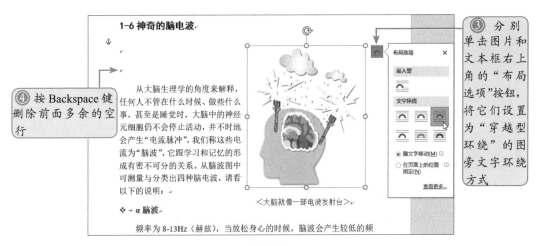

图 7-58

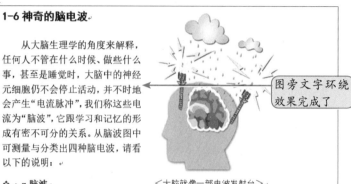

图 7-59

通过以上方式就能按序完成整个章节的排版。至于页面编排，还有几项希望大家注意：

- 如果章节标题在页面的最下方，那么就多空一行，让标题移到下一页，如图 7-60 所示。

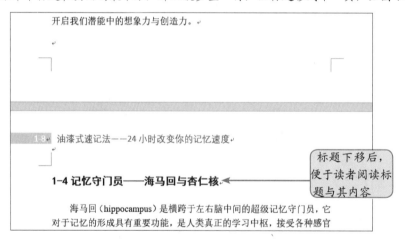

图 7-60

- 如果方框的标题在页面下方，那么就让下方多空几行，让方框与标题移到下一页，避免造成不连贯的情况，如图 7-61 所示。

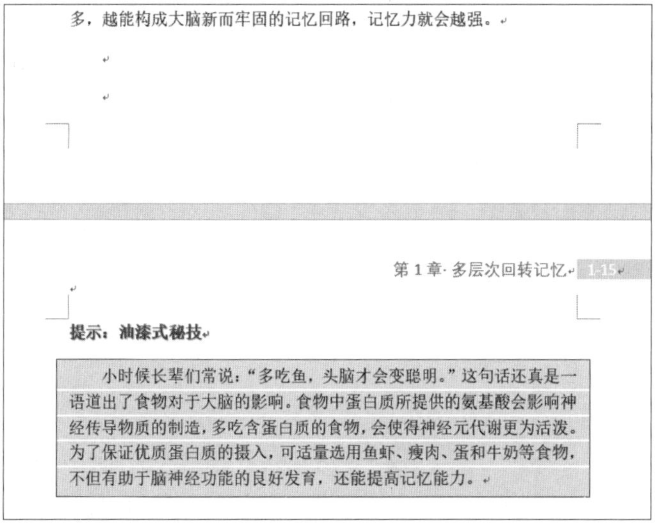

多，越能构成大脑新而牢固的记忆回路，记忆力就会越强。

第 1 章·多层次回转记忆 1-15

提示：油漆式秘技

> 小时候长辈们常说："多吃鱼，头脑才会变聪明。"这句话还真是一语道出了食物对于大脑的影响。食物中蛋白质所提供的氨基酸会影响神经传导物质的制造，多吃含蛋白质的食物，会使得神经元代谢更为活泼。为了保证优质蛋白质的摄入，可适当选用鱼虾、瘦肉、蛋和牛奶等食物。不但有助于脑神经功能的良好发育，还能提高记忆能力。

图 7-61

- 适当地调整图片的尺寸，让同一段落的文字尽量在一起，不需要翻页就能了解同一段落的内容，如图 7-62 所示。

<海马回是避免记忆流失的最佳守门员>

至于杏仁核（amygdala）则是在脑前额部分一个呈扁桃形的区域，是人类的情绪中心，用来管理与存储各种情绪反应，任何不同形式的情绪都会传至杏仁核，其功能是强化记忆的深度。它跟海马回合作无间，当海马回记忆事物时，会借助杏仁核所发出的振动来作为某些记忆的判断。

在我们日常生活中，伴随着感动、喜悦、难过、惊讶等情绪而来的信息，杏仁核较容易发生振动，旁边的海马回就知道这是个重要的信息，记忆自然就会较深刻。例如海马回可以帮助我们认出人群中某个人是你的中学同学，杏仁核则会同步提醒你，当年他是还个用功读书的高材生。

图 7-62

第8章  Chapter 8

文件内容图形化的排版技巧

　　将复杂的文件内容以图形方式呈现最容易让读者理解文件的中心思想。要将内容图形化，可以使用 Word 所提供的基本图案或图形来进行绘制，也可以使用 SmartArt 图形功能。基本图形包含默认的线条、矩形、箭头、流程图、标注等各种造型，通过堆叠组合即可产生复杂的图形。而 SmartArt 图形则包括组织结构、流程图、图形列表等，它是预先将各种图形组合在一起，让最终图案显示出具有设计师水平的图形范例，所以使用这两种功能能够搭建以视觉方式与读者沟通的桥梁。本章将对这两种功能做进一步说明，让大家轻松使用图形进行排版，如图 8-1 所示。

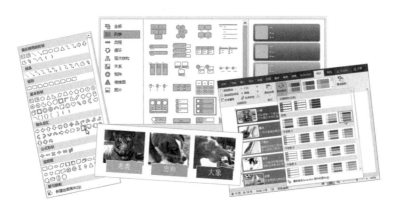

图 8-1

8.1　使用与编辑图形

　　本节将介绍"插入"选项卡中的"形状"功能，虽然图案看起来很简单，但是运用起来的变化却是无穷的, 想要让自己绘制的图案显示出专业的设计水平, 就不要错过本节内容。

Word 程序中翻译成"形状", 本书为了让叙述接近日常习惯用语, 在行文中会用"图形"或"图案"来说明, 只是在描述 Word 程序中特定的选项时保留"形状"的说法。

8.1.1　插入基本图形

在"插入"选项卡中单击"形状"按钮可以插入基本形状、箭头总汇、流程图、标注、星与旗帜等图形。只要从下拉列表中选择图形对应的图标, 再到文件中单击然后拖曳, 即可画出该图形, 如图 8-2 所示。

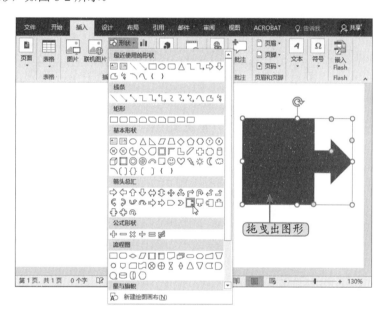

图 8-2

我们也可以在选择图形对应的图标后, 在文件中直接单击, 就会显示默认的图形尺寸——高和宽都为 2.54 厘米。

8.1.2　插入线条图形

线条在排版中使用的机会相当多, 在 Word 中线条图形包括线条、曲线、任意多边形、自由曲线等。

1. 线条 ＼＼＼＼＼乙乙乁乁乁乁

用来绘制各种方向的直线、箭头、肘形或曲线。单击形状按钮后，在页面上单击，就会看到默认的图形尺寸。也可以按住鼠标左键不放，使之建立起始点，接着拖曳到结束点，放开鼠标按键，即可产生图形。

说明

在排版文件中，箭头符号使用的机会相当多，因为箭头除提示顺序外，还能解说某一细节之处，或指明特定的范围。

加入线条后，在"格式"选项卡中单击"形状轮廓"按钮，从下拉列表中选择"箭头"选项，即可选择想要的箭头样式。另外，在"设置形状格式"窗格中，可对箭头前端和末端的大小与类型进行更改。

当线条设置完成后，右击线条，在弹出的快捷菜单中选择"设置为默认线条"选项，之后所画的线条就能拥有相同的样式，从而加快文件的编辑速度。

2. 曲线 ∿

用来绘制弯曲的线条。绘制时先单击以建立起始点，再按序用鼠标左键设置2、3、4等点，直到结束时双击表示完成，如图 8-3 所示。

图 8-3

3. 自由曲线 ℒ

按住鼠标左键在文件中拖曳，即可沿着鼠标移动的轨迹产生线条（随手画）。放开鼠标左键就自动变成对象，显示如图 8-4 所示的图形框。

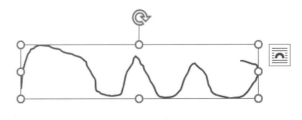

图 8-4

4. 任意多边形 🗋

用于绘制封闭或非封闭的多边形造型。按序单击会建立笔直的线条，而按住鼠标左键的同时拖曳鼠标则可变成随手画的线条，如图 8-5 所示，此功能融合了线条和自由曲线（随手画）两种功能。

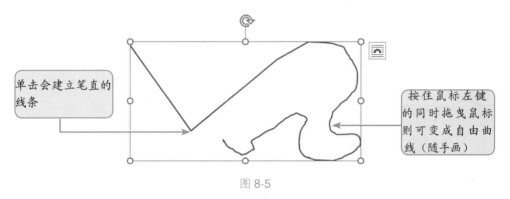

单击会建立笔直的线条

按住鼠标左键的同时拖曳鼠标则可变成自由曲线（随手画）

图 8-5

8.1.3 图形的缩放与变形

绘制图形或线条后，会在图形四周看到如图 8-6 所示的圆形控制点，通过四角的白色控制点可等比例缩放图形，而通过上、下、左、右中间的白色控制点则可拉长或压扁图形。或是用鼠标选中图形后，用"格式"选项卡中"大小"分组内的功能项来设置精确的高度与宽度值。

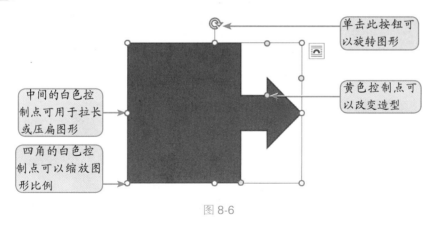

单击此按钮可以旋转图形

黄色控制点可以改变造型

中间的白色控制点可用于拉长或压扁图形

四角的白色控制点可以缩放图形比例

图 8-6

8.1.4 编辑图形顶点

绘制图形后右击，在弹出的快捷菜单中选择"编辑顶点"选项（见图 8-7），会在图形的转角处看到黑色方形的顶点，使用这些顶点可改变造型。另外，右击黑色顶点也可以对选定的顶点进行新建、删除、平滑线条、拉直线条等处理，让图案可以按照用户的想法进行变更，如图 8-8 所示。

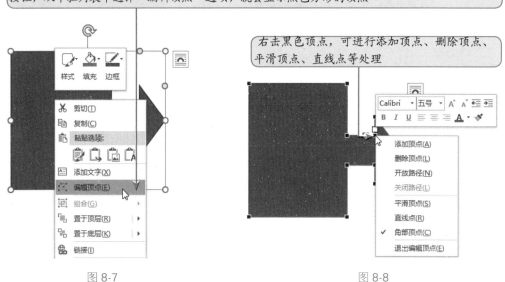

图 8-7　　　　　　　　　　　　　　　　图 8-8

8.1.5　在图形中添加文字

插入图形后，想要在图形中添加文字，只要右击图形，在弹出的快捷菜单中选择"添加文字"选项，即可在图形上出现文字输入点供用户输入文字，具体步骤如图 8-9 所示。

图 8-9

8.1.6 加入与更改图形样式

在选择图形后，切换到"格式"选项卡，在"形状样式"下拉列表中提供了 Word 内建的主题样式。每种样式都由不同的颜色、线条与效果组合而成，直接单击缩略图就能马上看到效果。另外，"形状填充""形状轮廓""形状效果"等功能允许在应用样式后，分别修正图案（形状）的属性与效果，如图 8-10 所示。

图 8-10

- 形状填充：可修改填充的颜色、填充的渐变类型、图片或填充的纹理。
- 形状轮廓：可修改形状轮廓的颜色、粗细、虚线、箭头样式。
- 形状效果：可修改图案的阴影、映像、发光、柔化边缘、棱台、三维旋转等效果。

设置图案格式

单击"格式"选项卡中"形状样式"分组旁的 ⤡ 按钮，将会在窗口右侧显示"设置形状格式"窗格，用户可切换到"形状选项"或"文本选项"进行设置，如图 8-11 所示。

图 8-11

8.1.7 更改图形

图形在经过大小、样式等设置后，如果发现图形不合适，想要把原先的造型更换成其他的形状，那么可以单击"格式"选项卡中的"编辑形状" 按钮，再从下拉列表中选择"更改形状"选项，最后选择要替换的图形（见图 8-12），这样就可以保有原先已设置好的文字、颜色、大小与样式，而不需要重新设置，如图 8-13 所示。

图 8-12　　　　　　　　　　　　　图 8-13

8.1.8　设置为默认图形

当图形经过格式设置后，可以右击图形，在弹出的快捷菜单中选择"设置为默认形状"选项，这样后面绘制的图形会同时应用这些设置的样式，如图 8-14 和图 8-15 所示。

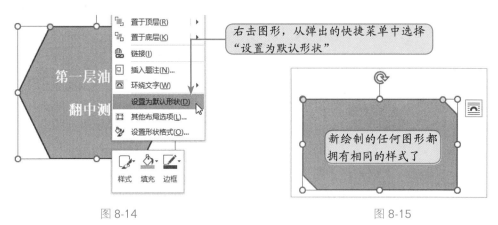

图 8-14　　　　　　　　　　　　　图 8-15

8.1.9　多图形的对齐 / 等距排列

当有多个图形需要排列在一起时，可使用"格式"选项卡中的"对齐" 按钮，里面提供了各种对齐方式与横纵分布方式，可以使得选中的多个图形排列得整整齐齐，具体步骤如图 8-16 和图 8-17 所示。

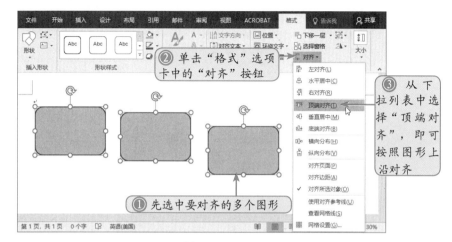

图 8-16

图 8-17

8.1.10 更改图形上下叠放的顺序

在绘制图形时，通常都是后绘制的图形堆叠在之前绘制的图形上方。如果绘制后需要调整图形的上下叠放顺序，可右击图形，然后选择上移或下移叠放的顺序，如图 8-18 所示。

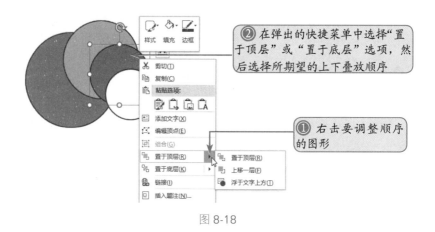

② 在弹出的快捷菜单中选择"置于顶层"或"置于底层"选项，然后选择所期望的上下叠放顺序

① 右击要调整顺序的图形

图 8-18

8.1.11 组合图形

将数个简单的图形拼接成一个造型后，为了方便整体操作，可以考虑将它们组合成一组。具体操作是：选择所有图形后右击，再依次选择"组合 / 组合"选项（见图 8-19），就可以将图形转变成单个对象（见图 8-20），然后对该对象进行格式设置。

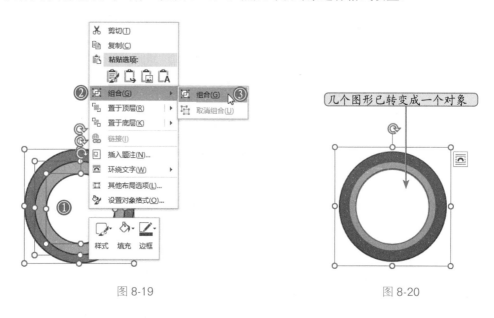

几个图形已转变成一个对象

图 8-19　　　　　　　　　　　图 8-20

8.1.12 新建绘图画布与应用

前面介绍的是在文件上绘制图形，在图形较多时，可使用"组合"功能将多个图形组合成一个对象。如果我们经常使用多个图形来组合造型，那么也可以考虑使用"新建绘图

画布"功能进行处理。

"新建绘图画布"功能可以将所有图形直接绘制在一张画布上，在编排图形时，画布只是一个对象，所以很容易调整它的位置，而且要缩放画布内的图形大小也是轻而易举的事。

要新建绘图画布，单击"形状"按钮，从下拉列表中选择"新建绘图画布"选项，就会在文件上看到新画布，接着在画布中画出所需的图形即可，具体步骤如图 8-21 和图 8-22 所示。

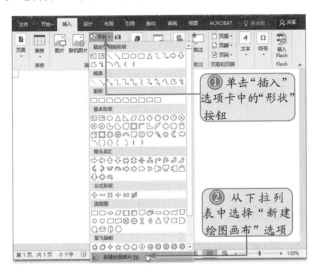

图 8-21

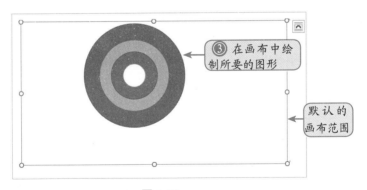

图 8-22

在画布中画完图形后，右击画布的边框，选择"调整"选项，可让画布贴近图形，也可以直接以鼠标调整画布边界使之贴近图形。如要缩放整个图形在文件中的比例大小，可单击"缩放绘图"选项，再用鼠标拖曳图形的四角控制点来缩放图形，如图 8-23 所示。

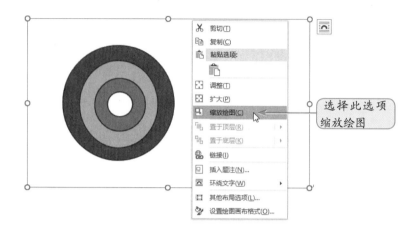

图 8-23

8.2　使用与编辑 SmartArt 图形

　　SmartArt 图形是信息和想法的视觉表示，Word 提供了各种版式，只要从版式中选择想要表达的图形类型，就可以快速创建 SmartArt 图形。要注意的是，使用 SmartArt 图形时，文字应该简化处理，也就是将文字内容摘出重点，这样图形才能展现更佳的效果。本节对 SmartArt 图形的使用技巧与编辑方式进行说明。

8.2.1　内容图形化的使用时机

　　图形是视觉沟通最佳的方式，冗长的文字一旦换成图形的表现方式，就会让内容变得简单清晰。在创建 SmartArt 图形时，并不需要包含数据或信息，但是在使用图形前必须先确认数据或信息的类型，因为不同图形的设置代表不同的内涵与意义。下面列出 SmartArt 图形常用的类型与使用时机供大家参考。

　　1. 列表

　　列表是以条列方式显示非有序信息块或分组信息块，所有文字的突显或强调程度相同，不需要指示方向。

　　2. 流程图

　　用来显示工作流程、过程或时间表中的步骤。

3. 循环图

以循环流程来表示阶段、工作或事件的连续顺序，强调阶段或步骤胜于箭头或流程的连接。

4. 阶层图

用来建立有上下阶层的关系、顺行次序的组织或分组间的阶层关联。

5. 关联图

用来比较、显示项目之间的关联性或重叠的信息。

6. 矩阵图

显示内容与整体之间的关联性。

7. 金字塔图

用于显示比例关系，或者显示向上或向下发展的关系。

8.2.2 插入 SmartArt 图形

想要在文件中插入 SmartArt 图形，单击"插入"选项卡中的 SmartArt 按钮，就可以从如图 8-24 所示的窗口中选择要插入的图形类型与设置方式，结果如图 8-25 所示。

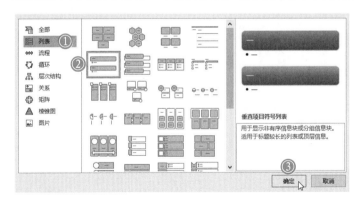

图 8-24

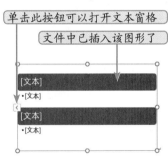

图 8-25

8.2.3 以文本窗格增删 SmartArt 结构

基本的图形出现后，接下来单击"设计"选项卡中的"文本窗格"按钮以显示出文本窗格，直接单击图形或下层的项目符号即可输入文字内容，若按 Enter 键，则会自动新建同一层级的项目符号，具体步骤如图 8-26 所示。

图 8-26

若默认的图形版面不够用，则可单击"设计"选项卡中的"添加形状"按钮，再从下拉列表中选择"在后方添加形状"选项，也可以在文本窗格中使用"设计"选项卡中的"升级""降级"按钮来控制层级，具体步骤如图 8-27 和图 8-28 所示。

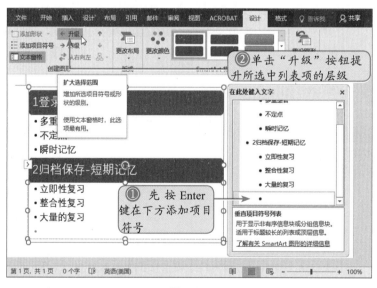

图 8-27

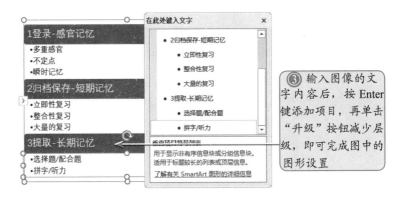

③ 输入图像的文字内容后，按 Enter 键添加项目，再单击"升级"按钮减少层级，即可完成图中的图形设置

图 8-28

 说明

单击"添加形状"按钮，选择"在后方添加形状"后，如果不能直接输入文字，则可右击新添加的图形，而后选择"编辑文字"选项才能输入文字。如果当前图形处于选中状态（双击即可选中），也可以直接输入文字。

8.2.4 更改 SmartArt 布局

输入文字内容后，如果因为版面编排的关系想要更换其他类型的图形布局，只要单击"设计"选项卡中的"更改布局"按钮即可重新选择，这样原先输入的文字内容就不需要再重新输入了，具体步骤如图 8-29 所示。

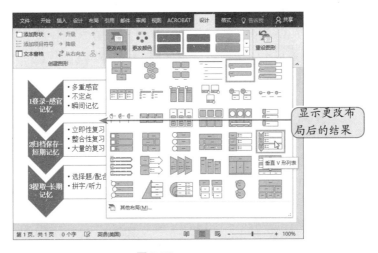

显示更改布局后的结果

图 8-29

说 明

如果要更改图形中的文字，可使用"开始"选项卡中的各个功能选项进行更改。如果更改的布局中包含图片，那么只要单击 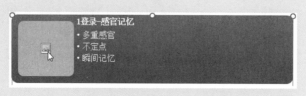 按钮再从"插入图片"窗口中选择要插入的图片文件即可，如图 8-30 所示。

图 8-30

8.2.5 SmartArt 样式的美化

选择图形的布局后，还可以在"设计"选项卡中选择 SmartArt 的样式，也可以更改颜色，如图 8-31 和图 8-32 所示。

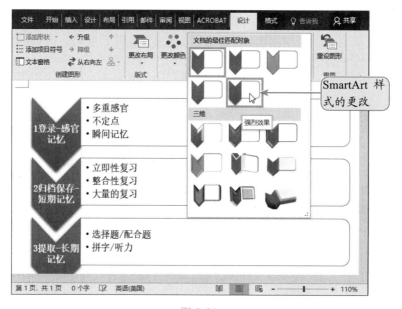

图 8-31

图 8-32

前面介绍的是调整 SmartArt 的整体外观，如果要修改局部外观，可切换到"格式"选项卡，再对选定项目的形状填充、形状轮廓、形状效果或者文本填充、文本轮廓、文本效果进行更改，如图 8-33 所示。

图 8-33

8.2.6　将插入的图片转换为 SmartArt 图形

在 Word 文件中插入的图片，只要排好图片位置，也可以将图片转换成 SmartArt 图形。如果图片的布局方式设置为"文字环绕"，那么一次只能转换一幅图片。如果图片的布局方式设置为"穿越型环绕"，就可以一次性选择多幅图片来进行转换。

转换方式很简单，先选择图片，在"格式"选项卡中单击"图片版式"按钮，再从下拉列表中选择要应用的版式即可，具体步骤如图 8-34 和图 8-35 所示。

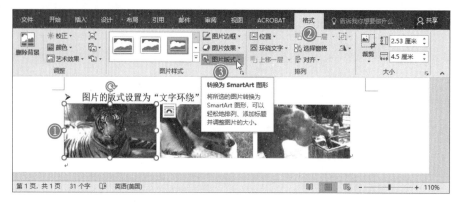

图 8-34

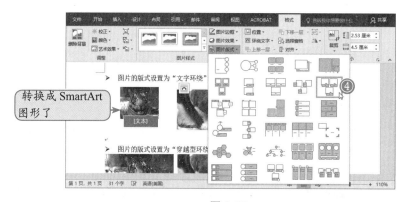

图 8-35

将图片转换为 SmartArt 图形后，图片就具有 SmartArt 属性了，我们可以按照 SmartArt 图形编辑技巧对图片进行编辑，如图 8-36 所示。

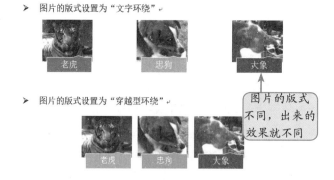

图 8-36

8.3 实践：以 SmartArt 图形制作图片列表

本节将使用 SmartArt 图形功能来制作图片列表。打开"02_联想力的魔术.docx"文件，在"导航"窗格将章节切换到 2-5 节，如图 8-37 所示。

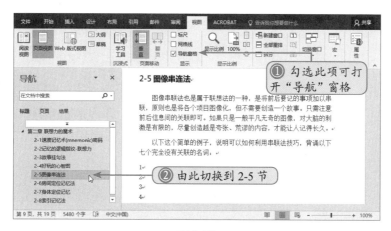

图 8-37

在此把文件中的小偷、瓢虫、三明治、鲸鱼、足球等样式列表与其内容以"垂直图片列表"的方式呈现。

8.3.1 插入与选择 SmartArt 图形版式

（1）插入 SmartArt 图形：先在"小偷"样式列表前加入一个空行，在"样式"窗格中单击"全部清除"按钮以删除第一行的缩进，再单击"插入"选项卡中的"插入 SmartArt 图形"按钮，具体步骤如图 8-38 所示。

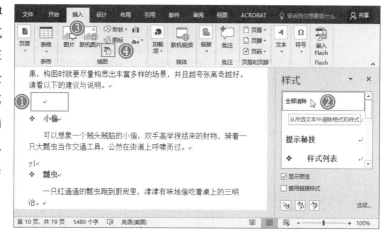

图 8-38

　　（2）选择"垂直图片列表"图形版式：切换到"列表"类型，单击"垂直图片列表"图形样式，然后单击"确定"按钮以插入该样式，具体步骤如图 8-39 和图 8-40 所示。

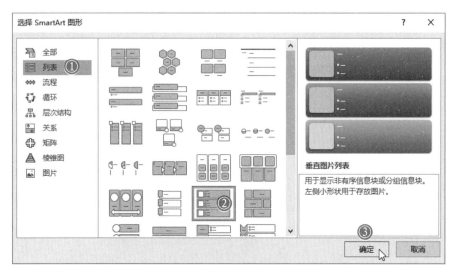

图 8-39

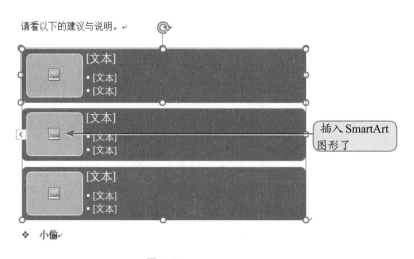

图 8-40

8.3.2 编修文字与图形结构

1. 剪贴文字到图形中

　　默认的图形版式包含标题和下层列表，现在按序剪切文件中的标题与正文，然后粘贴到图形中，具体步骤如图 8-41 和图 8-42 所示。

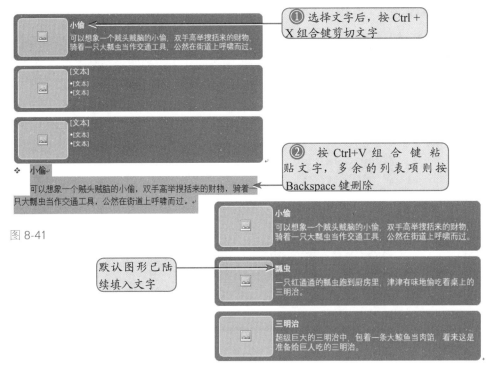

图 8-41

图 8-42

2. 添加图形并粘贴文字

单击第 3 个图形，单击"设计"选项卡中的"添加形状"按钮，并从下拉列表中选择"在后面添加形状"选项 3 次，以添加 3 个空白图形，如图 8-43 所示。

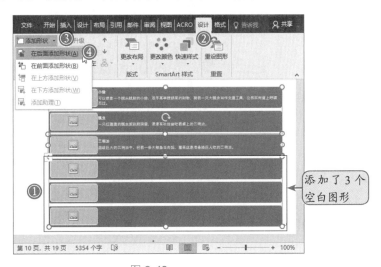

图 8-43

3. 剪切 / 粘贴文字到图形中

按序选择并剪切标题与正文后，右击新添加的图形，选择"编辑文本"选项，出现文字输入点时将文字粘贴到图形中，完成后拖曳图形版式下方的圆形控制点可调整 SmartArt 图形的高度，具体步骤如图 8-44~ 图 8-46 所示。

图 8-44

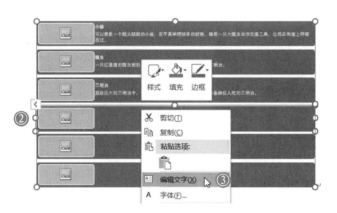

图 8-45

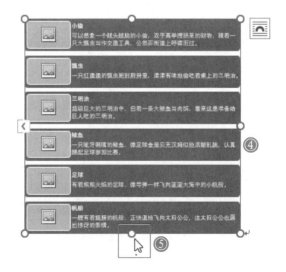

图 8-46

8.3.3　插入列表图片

图形版式中包含图片图标，单击图片图标按钮后，选择"从文件"插入图片，再从"插入图片"窗口中选择插图，最后单击"插入"按钮，按序将图片插入，具体步骤如图 8-47~图 8-50 所示。

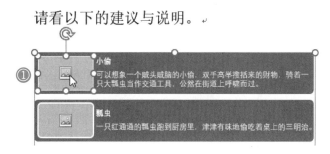

图 8-47

图 8-48

图 8-49

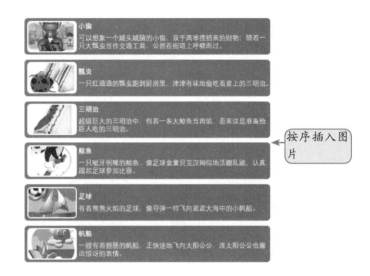

图 8-50

8.3.4 更改图形颜色

想让图形版式多一点颜色，可单击"设计"选项卡中的"更改颜色"按钮，再从下拉列表中选择颜色，如图 8-51 所示。

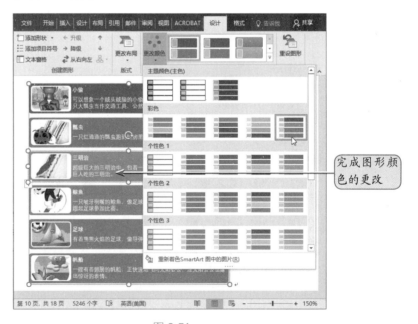

图 8-51

8.3.5 图形版式居中对齐

选择图形版式时，其右侧的白色控制点可用于调整图形的宽度。当输入点放在图形右侧时，可单击"开始"选项卡中的"居中"按钮将图形对齐文件中央，具体步骤如图 8-52 所示。

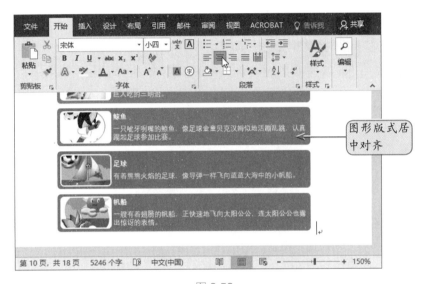

图 8-52

第9章 Chapter 9

表格与图表的排版技巧

　　表格在办公文件或排版中应用得相当广泛，不仅可以自由组合出复杂的表格形式，也可以使文件看起来整齐美观。图表则是将数据有关的信息以图形方式呈现出来，让复杂的统计数据顿时变得一目了然，也能让抽象的数据具体化，使读者易于比较数据之间的差异。本章将对表格与图表进行说明，让大家能够轻松自如地应用表格与图表，如图9-1所示。

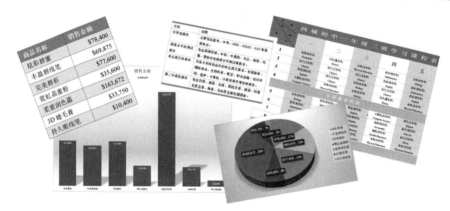

图 9-1

9.1 表格与图表的使用技巧

　　表格和图表是组织与呈现数据的利器，在制作文件的过程中，由于表格结构灵活，经常作为版面设计的辅助工具，图表则可以将表格中的数据以易于理解的图形方式呈现出来。表格与图表确实在"比较"与"说明"方面占有举足轻重的地位。

要让表格和图表能够更清楚地比较出数据的差异，就必须在设计表格时多用些心思。这里提供几项技巧作为参考，让大家能够快速、清晰、简明地对各项内容进行比较和对照。

9.1.1　快速将文件内容转换为表格

要将文件内容快速转换成表格形式，Word 提供了"文字转换成表格"指令，只要使用段落、逗点、制表符或特定的分隔符，就可以将选择的文字快速转换成表格形式。现有的 Excel 电子表格也能够在 Word 文件中快速插入，省去了复制数据的步骤。另外，Word 也提供了"快速表格"功能，如图 9-2 所示。

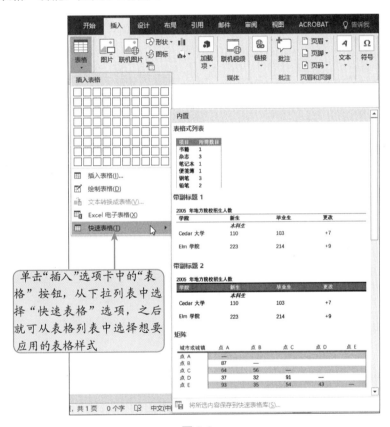

图 9-2

9.1.2　显示内容之间的差异

要显示内容之间的差异，利用表头进行效果说明最好，如果需要同时突出显示第一行与第一列标题，Word 也提供了"绘制表格"的方式来插入斜线表头，如图 9-3 所示。

油漆式速记训练系统授权学校一览表

授权资料 / 授权学校	院系	产品名称
A 市综合大学	社会学系	英语初级水平测试
A 市科技大学	计算机系	英语中级水平测试
B 市理工大学	应用物理系	英语中级水平测试
B 市外贸大学	国际贸易系	英语初级、中级水平测试
C 市交通大学	化学系	英语中级水平测试
C 市联合大学	全校授权	英语初级、中级水平测试
D 市师范大学	外语系	英语中级水平测试

使用斜线表头可突显行与列的标题

图 9-3

9.1.3 利用配色使表格内容更明确

当表格的内容较多时，为了让表格数据更易于阅读，不妨将奇数行 / 列与偶数行 / 列的颜色分隔出来，如图 9-4 所示。

班级 / 星期 / 节次	西城初中一年级二班学习课程表				
	一	二	三	四	五
1	地理(杨老师) Geography	历史(董老师) History	体育(肖老师) Physical Education	数学(周老师) Mathematics	生物(张老师) Biology
2	语文(王老师) Chinese	语文(王老师) Chinese	语文(王老师) Chinese	英语(谢老师) English	数学(周老师) Mathematics
3	英语(谢老师) English	语文(王老师) Chinese	生物(张老师) Biology	语文(王老师) Chinese	英语(谢老师) English
4	计算机(赵老师) Computer Science	体育(肖老师) Physical Education	生物(张老师) Biology	历史(董老师) History	体育(肖老师) Physical Education
午间休息时间					
5	生物(张老师) Biology	数学(周老师) Mathematics	英语(谢老师) English	计算机(赵老师) Computer Science	语文(王老师) Chinese
6	数学(周老师) Mathematics	数学(周老师) Mathematics	英语(谢老师) English	地理(杨老师) Geography	美术(李老师) Fine Art
7	自习(蒋老师) Independent Study	音乐(汪老师) Music	班会(孙老师) Class Meeting	健教(贺老师) Health Education	音乐(汪老师) Music
8	体育(肖老师) Physical Education	美术(李老师) Fine Art	体育(肖老师) Physical Education	体育(肖老师) Physical Education	体育(肖老师) Physical Education
课后辅导时间					

图 9-4

除以手动方式自行设置行列的颜色外，Word 也贴心地提供了表格样式供用户选择。单击“设计”选项卡中的“表格样式选项”，预先勾选“镶边行”或“镶边列”，如图 9-5 所示，在应用表格样式时就能自动加入。

② 选择表格样式时，会根据勾选的选项显示表格

① 由此处可预先勾选表格样式的选项

图 9-5

9.1.4 将数据信息可视化

如果文件中有数据信息，使用表格虽然简单明了，但是要让用户直接比较出数值的高低，还是没有图形表达得清楚。将图 9-6 左图的表格数据，以直方图的方式显示，其视觉效果一目了然，如图 9-6 右图所示。

商品名称	销售金额
炫彩唇蜜	$78,400
丰盈唇线笔	$69,875
完美唇彩	$77,600
霓虹晶蜜粉	$35,600
柔紫润色霜	$163,672
3D睫毛膏	$33,750
持久眼线笔	$10,400

图 9-6

9.1.5 重复标题与防止跨页断行

对于跨页的大表格，经常会出现两个情况：一种是从第二页开始就看不到标题栏的内容；另一种是单元格无法将数据完全显示时跨越到下一页，使表格出现断行跨页的情况。这两种情况都会造成不易对照数据，如图 9-7 所示。

图 9-7

解决这样的表格困扰其实很简单。只要把鼠标指针放在标题栏上，再单击"布局"选项卡中的"重复标题行"按钮，第二页就会自动显示标题栏（注意：我们习惯称为"标题栏"，而在 Word 中翻译成"标题行"），如图 9-8 所示。

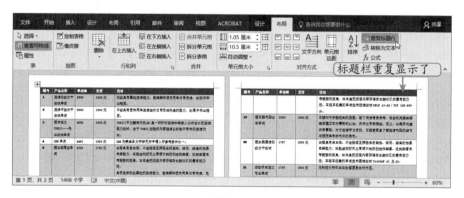

图 9-8

至于跨页断行的情况，在"布局"选项卡中单击"属性"按钮，进入"表格属性"窗口后，在"行"选项卡中取消勾选"允许跨页断行"复选框即可，如图 9-9 所示。

图 9-9

9.2　表格的创建与表格结构的调整

前面已经简要说明了表格与图表的使用技巧，本节将介绍表格的创建方式以及如何调整表格的结构。

9.2.1　插入表格

要在文件中插入基本表格，可在"插入"选项卡中单击"表格"按钮，然后用鼠标拖曳出表格所需的行列数，随后就可以在文件中看到插入的表格，如图 9-10 所示。

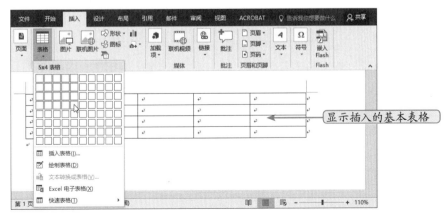

显示插入的基本表格

图 9-10

我们也可以在单击"表格"按钮后，选择"插入表格"选项，随后就会显示如图 9-11 所示的"插入表格"窗口，除输入表格的行数与列数外，还可以设置表格的"自动调整"方式。

创建基本表格后，利用插入 / 删除行列、合并 / 拆分单元格等处理就能将表格调整成所需的各种形态，这部分稍后再介绍。

图 9-11

9.2.2 绘制表格

如果想要以手绘方式制作表格，在 Word 中也可以实现。先使用鼠标拖曳出表格外框，再在表格范围内画出直线、横线或斜线，具体步骤如图 9-12~ 图 9-15 所示。

① 在起始点单击

② 用鼠标拖曳到结束点处放开鼠标按键，表格的外框就显示出来了

图 9-12

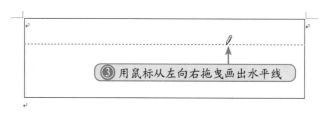

③ 用鼠标从左向右拖曳画出水平线

图 9-13

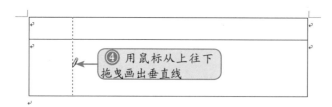

④ 用鼠标从上往下拖曳画出垂直线

图 9-14

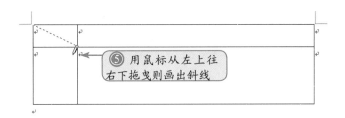

图 9-15

如果要结束表格的绘制工作，在表格外双击即可。

9.2.3 文字 / 表格相互转换

除从无到有慢慢绘制表格外，如果有现成的文字内容，使用段落标记、逗点或制表符进行分隔也可以快速将数据转换成表格形式。

下面以 Tab 键输入制表符作为文字的分隔，选择文字后，在"插入"选项卡中单击"表格"按钮，再从下拉列表中选择"文本转换成表格"选项，接着设置"制表符"作为分隔符，即可将文字内容转换为表格，具体步骤如图 9-16~ 图 9-18 所示。

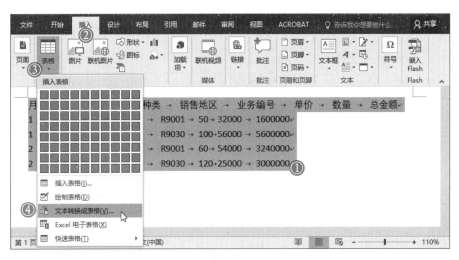

图 9-16

图 9-17

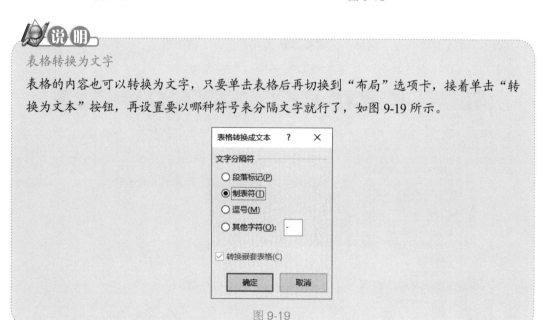

图 9-18

月份	产品代号	水果种类	销售地区	业务编号	单价	数量	总金额
1	30369	香蕉	日本	R9001	50	32000	1600000
1	30587	苹果	美国	R9030	100	56000	5600000
2	30369	香蕉	日本	R9001	60	54000	3240000
2	30587	苹果	美国	R9030	120	25000	3000000

说明

表格转换为文字

表格的内容也可以转换为文字，只要单击表格后再切换到"布局"选项卡，接着单击"转换为文本"按钮，再设置要以哪种符号来分隔文字就行了，如图 9-19 所示。

图 9-19

9.2.4　插入 Excel 电子表格

在 Word 文件中，若要将 Excel 电子表格插入进来，则可单击"表格"下拉按钮，在下拉列表中选择"Excel 电子表格"选项，再使用"复制""粘贴"选项插入 Excel 表格，如此一来，还能在 Word 程序中进行复杂的公式计算，具体步骤如图 9-20~ 图 9-24 所示。

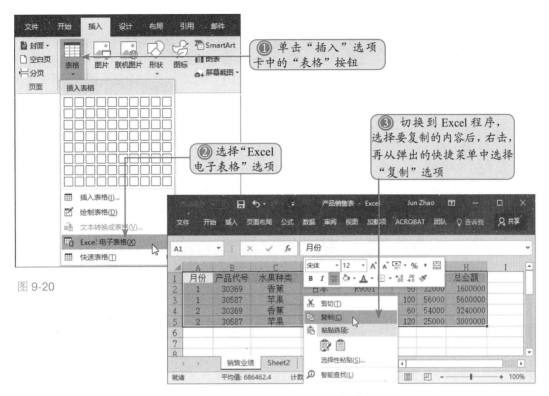

图 9-20

① 单击"插入"选项
卡中的"表格"按钮

② 选择"Excel
电子表格"选项

③ 切换到 Excel 程序,
选择要复制的内容后, 右击,
再从弹出的快捷菜单中选择
"复制"选项

图 9-21

④ 回到此窗口,
右击第一个单元格,
再选择粘贴选项

图 9-22

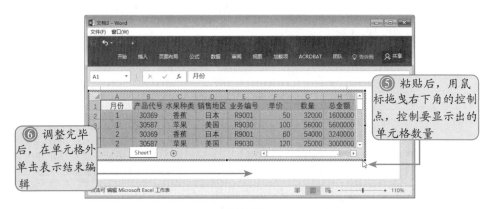

图 9-23

图 9-24

对于前面所加入的电子表格内容，如果需要进行加总或其他计算处理，只要双击表格，就会回到电子表格编辑状态，再使用"公式"选项卡进行计算即可。

9.2.5 插入与删除行或列

在 Word 文件中绘制表格后，如果原先的表格不够用，可以先将鼠标放在想要插入点的位置，再从"布局"选项卡的"行和列"分组中选择要插入行或列的位置，具体步骤如图 9-25 和图 9-26 所示。

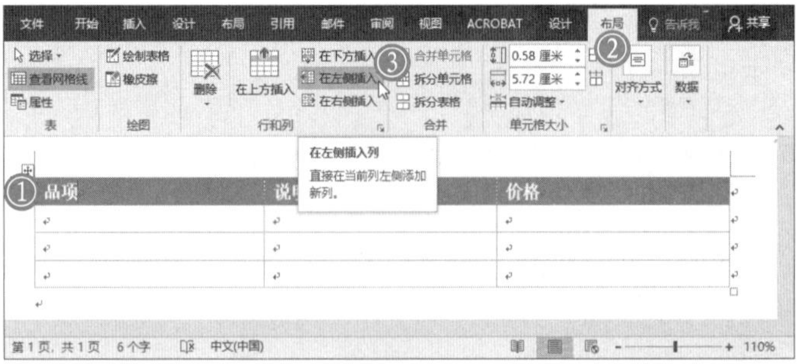

图 9-25

图 9-26

如果要删除行、列、单元格或表格，单击"布局"选项卡中的"删除"按钮，再选择要删除的项目即可，如图 9-27 所示。

图 9-27

9.2.6　合并与拆分单元格

如果多个单元格要合并成一个单元格，可在要合并的多个单元格后单击"布局"选项卡中的"合并单元格"按钮，具体步骤如图 9-28 和图 9-29 所示。

图 9-28

图 9-29

若选择单元格后单击了"拆分单元格"按钮,则会显示如图 9-30 所示的"拆分单元格"窗口,直接输入要拆分的行数和列数之后,该单元格就会被拆分成指定的数量。

图 9-30

9.2.7　行高 / 列宽的调整与均分

要想任意调整表格的行高与列宽,可将鼠标光标移到行 / 列的边界上,当鼠标光标变成双箭头时,单击并拖曳鼠标,即可改变行高或列宽。若要精确设置单元格的大小,则可在"布局"选项卡中的"单元格大小"分组中设置。另外,单击 按钮可在所选行之间平均分配行高,单击 按钮则可平均分配列宽,如图 9-31 所示。

图 9-31

9.2.8　自动调整表格大小

右击表格,在弹出的快捷菜单中选择"自动调整"选项,随后可以选择让 Word 根据内容自动调整表格、根据窗口自动调整表格或者固定列宽。也可以单击"布局"选项卡中的"自动调整"按钮,从下拉列表中进行选择,如图 9-32 所示。

图 9-32

9.2.9　上下或左右拆分表格

表格制作好后，如果需要将原表格一分为二，那么可将输入点放在要拆分为第二个表格的首行内，再单击"布局"选项卡中的"拆分表格"按钮。拆分后，如果第二个表格需要加入标题栏，再选择"在上方插入"选项即可，具体步骤如图 9-33~ 图 9-35 所示。

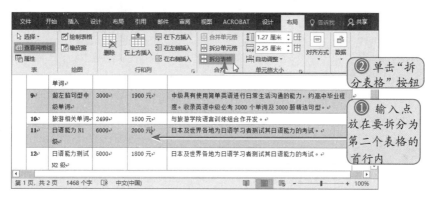

图 9-33

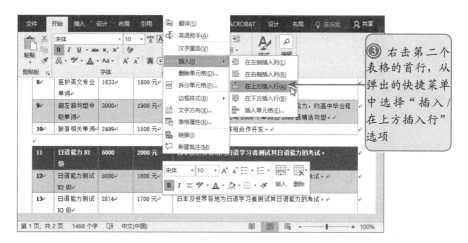

图 9-34

编号	产品名称	单词量	定价	说明
8	医护英文专业单词	1833	1800 元	与科技大学语言教育中心合作开发。
9	超左脑句型中级单词	3000	1900 元	中级具有使用简单英语进行日常生活沟通的能力，约高中毕业程度。收录英语中级必考 3000 个单词及 3000 题精选句型。
10	旅游相关单词	2499	1500 元	与旅游学院语言训练组合作开发。
11	日语能力 N1 级	6000	2000 元	日本及世界各地为日语学习者测试其日语能力的考试。
12	日语能力测试 N2 级	5000	1800 元	日本及世界各地为日语学习者测试其日语能力的考试。

直接在新插入的空白行中输入文字

图 9-35

除从上或下进行表格拆分外，也可以从左或右来拆分表格。选择并以鼠标按住要分割的右半部分表格后，直接拖曳到下方的段落标记处，这种方式可以完成表格的拆分，如图 9-36 和图 9-37 所示。

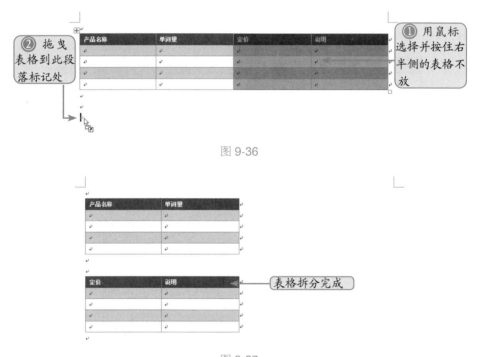

图 9-36

图 9-37

9.3　表格属性的设置与美化

学会基础表格的创建之后，本节介绍表格属性的设置与美化。因为表格中可以放入文字或图片,表格也可以和文字一起进行编排或组合,即使是纯表格也可以让它穿上美美的"衣裳",这些都会在本节中进行说明。

9.3.1 表格文字的输入与对齐设置

在表格中输入文字很简单,只要单击单元格就可以输入文字。如果要移到下一个单元格,那么可按 Tab 键切换,或者按上 / 下 / 左 / 右方向键移动。在单元格中输入过多文字时,若在一行中无法完全显示出来,Word 会自动将多余文字换行显示(见图 9-38),如果要显示在同一行上,只要拖曳单元格的边框来调整单元格的大小即可。

编号	品项	定价	数量
	德国 Q 丁地铁堡餐	59 元	
	酱烧猪排地铁堡餐	59 元	
	黑胡椒熏鸡地铁堡餐	59 元	
	双层猪肉干酪堡餐	79 元	
	三杯鸡地铁堡餐	69 元	
	里肌铁板面套餐	69 元	

在单元格中输入了过多文字时,若在一行中无法完全显示出来,Word 会自动将多余文字换行显示

图 9-38

1. 水平对齐设置

输入文字后,若要设置水平方向的对齐,则可在选择内容后,到"开始"选项卡中的"段落"分组选择"左对齐""居中""右对齐""两端对齐""分散对齐"5 种方式,如图 9-39 所示。

② 在此选择要对齐的方式

① 选择要对齐的内容

图 9-39

2. 垂直对齐设置

在默认状态下，单元格中的文字是靠上对齐的，所以当单元格的高度设得比较大时，就会出现如图 9-40 所示的情形。

若要改变文字的垂直对齐方式，则可在"布局"选项卡中单击"属性" 按钮，进入"表格属性"窗口后，在"单元格"选项卡中设置，具体步骤如图 9-41 和图 9-42 所示。

若要同时进行水平与垂直的对齐设置，则可直接在"布局"选项卡中的"对齐方式"分组中进行选择，如图 9-43 所示。

图 9-40

图 9-41

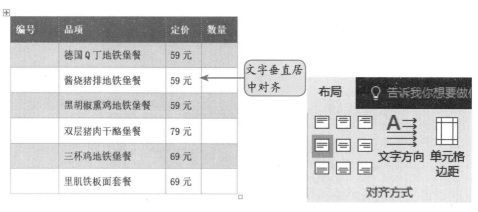

图 9-42

图 9-43

9.3.2 表格内容自动编号

如果表格中需要输入有序编号，那么可在选择内容后使用"开始"选项卡中的"编号"功能来快速加入，如图 9-44 所示。

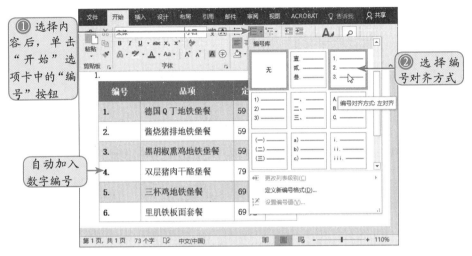

图 9-44

9.3.3 在表格中插入图片

若要在单元格中插入图片，则可在"插入"选项卡中单击"图片" 按钮，随后即可从计算机上选择要插入的图片文件。如果插入的图片较大，单元格会被自动撑大，可使用"格式"选项卡中的"高度"或"宽度"来设置图片大小，具体步骤如图 9-45~ 图 9-48 所示。

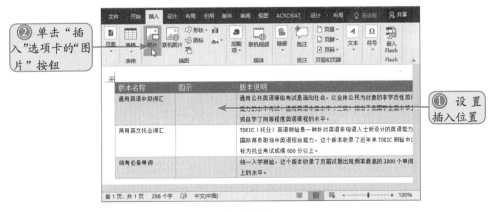

图 9-45

图 9-46

图 9-47

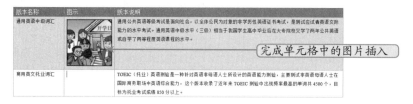

图 9-48

9.3.4 图片自动调整成单元格大小

9.3.3 节插入图片时，单元格会自动调整成插入图片的大小，所以图片较大时会自动将单元格撑大。如果希望插入图片时能够自动调整成已设置的单元格大小，那么可在"布局"选项卡中单击"属性" ▦ 按钮，进入"表格属性"窗口后，切换到"表格"选项卡，再单击"选项"按钮，打开"表格选项"窗口，取消"自动重调尺寸以适应内容"复选框即可，具体步骤如图 9-49~ 图 9-51 所示。

图 9-49

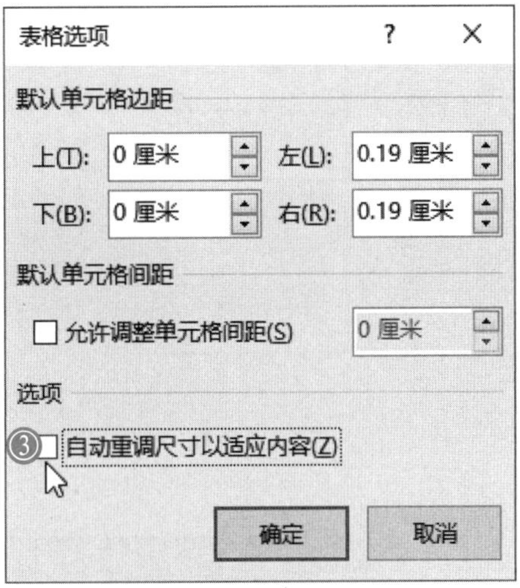

图 9-50

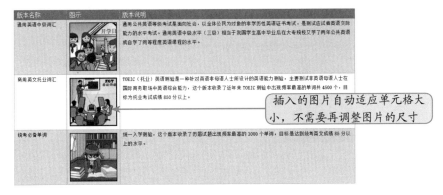

图 9-51

9.3.5 应用表格样式

在绘制表格后，Word 还提供各种可以应用的表格样式，只要在"设计"选项卡中的"表格样式选项"中预先勾选"镶边行"或"镶边列"复选框，在应用表格样式时就能自动加入镶边的底纹。另外，标题行、第一列、最后一列、汇总行等也可以轻松应用到表格中，具体步骤如图 9-52~ 图 9-54 所示。

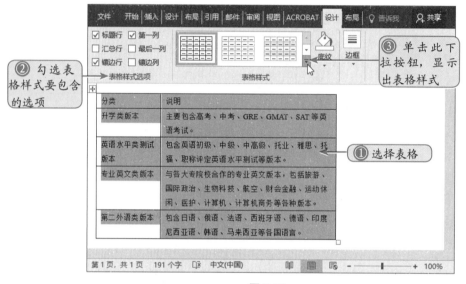

图 9-52

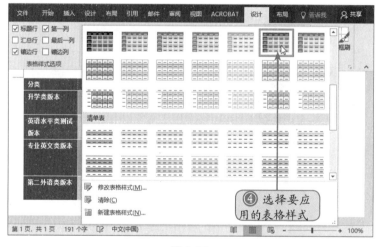

图 9-53

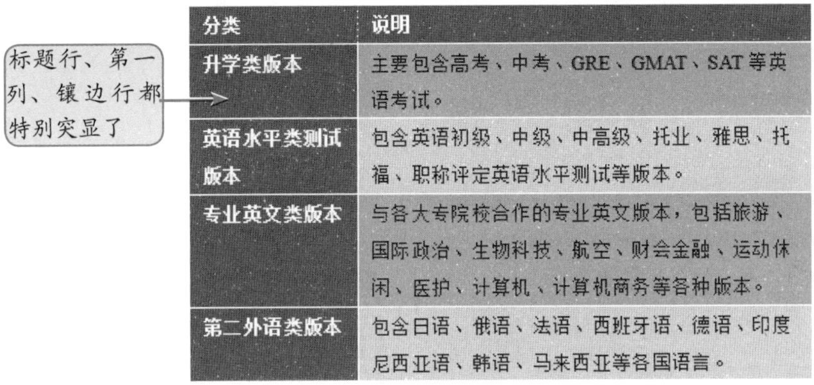

分类	说明
升学类版本	主要包含高考、中考、GRE、GMAT、SAT 等英语考试。
英语水平类测试版本	包含英语初级、中级、中高级、托业、雅思、托福、职称评定英语水平测试等版本。
专业英文类版本	与各大专院校合作的专业英文版本，包括旅游、国际政治、生物科技、航空、财会金融、运动休闲、医护、计算机、计算机商务等各种版本。
第二外语类版本	包含日语、俄语、法语、西班牙语、德语、印度尼西亚语、韩语、马来西亚等各国语言。

标题行、第一列、镶边行都特别突显了

图 9-54

9.3.6　自定义表格边框

表格的美化除直接应用表格样式外，也可以自定义表格边框，让表格呈现不同的粗线效果。要设置边框，可用"设计"选项卡中的"边框"分组进行设置，或者单击"边框"下拉按钮，从下拉列表中选择"边框和底纹"选项进行高级设置。这里我们先为表格的上下加入较粗的线条，具体步骤如图 9-55~ 图 9-57 所示。

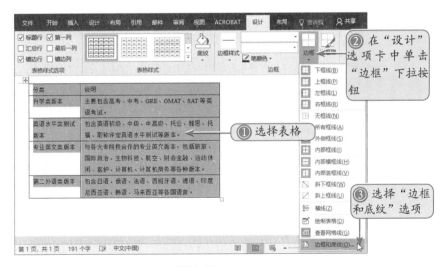

图 9-55

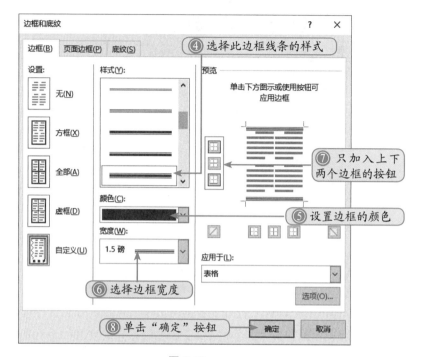

图 9-56

分类	说明
升学类版本	主要包含高考、中考、GRE、GMAT、SAT 等英语考试。
英语水平类测试版本	包含英语初级、中级、中高级、托业、雅思、托福、职称评定英语水平测试等版本。
专业英文类版本	与各大专院校合作的专业英文版本，包括旅游、国际政治、生物科技、航空、财会金融、运动休闲、医护、计算机、计算机商务等各种版本。
第二外语类版本	包含日语、俄语、法语、西班牙语、德语、印度尼西亚语、韩语、马来西亚等各国语言。

图 9-57

另外，在"设计"选项卡中先设置好边框样式与边框粗细，就可以快速指定要加入的边框位置，方式如图 9-58 所示。

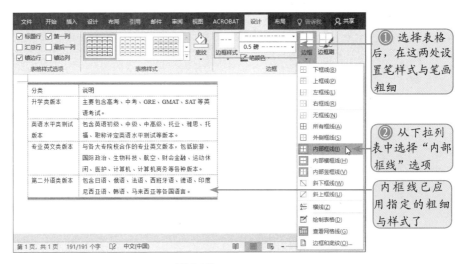

图 9-58

9.3.7　文字环绕表格

表格和文字同时排列时，也可做出文字环绕表格的效果。在选择表格后，单击"布局"选项卡中的"属性"按钮，在进入"表格属性"窗口后，在"表格"选项卡中选择"文字环绕"方式即可，具体步骤如图 9-59~ 图 9-61 所示。

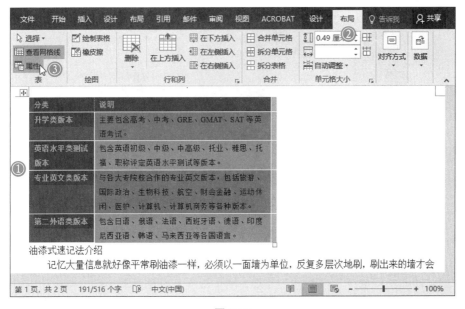

图 9-59

图 9-60

分类	说明
升学类版本	主要包含高考、中考、GRE、GMAT、SAT 等英语考试。
英语水平类测试版本	包含英语初级、中级、中高级、托业、雅思、托福、职称评定英语水平测试等版本。
专业英文类版本	与各大专院校合作的专业英文版本，包括旅游、国际政治、生物科技、航空、财会金融、运动休闲、医护、计算机、计算机商务等各种版本。
第二外语类版本	包含日语、俄语、法语、西班牙语、德语、印度尼西亚语、韩语、马来西亚等各国语言。

油漆式速记法介绍

记忆大量信息,就好像平常刷油漆一样,必须以一面墙为单位,反复多层次地刷,刷出来的墙才会均匀漂亮。油漆式速记法就是将刷油漆的概念应用在快速记忆,是一种"大量、全脑、多层次回转"的速读与速记方法,它利用右脑图像直觉联想,并结合左脑理解思考练习,搭配高速大量回转与多层次题组切换式复习,达到全脑学习奇迹式的相乘效果。因此,简单易学的油漆式速记法,其记忆速度有如风驰电掣般的高铁。

文字环绕于表格右侧

油漆式速记法应用在单词速记的原理,结合了高速的速读,并配合大量的回转复习,达到快速记忆的目的。希望通过眼球的快速移动、视野的扩大、定点闪字、不定点闪字、多字同步显示的面积式速读、颜色刺激及瞬间感知能力的训练,再同步配合多重感官的刺激,迅速将单词记忆转换为长期记忆。

图 9-61

在选择"文字环绕"效果后,若继续在"表格"选项卡中单击 定位(P)... 按钮,就会进入如图 9-62 所示的"表格定位"窗口,在其中可设置表格居中或左侧,另外还可以设置表格与周围文字的距离。

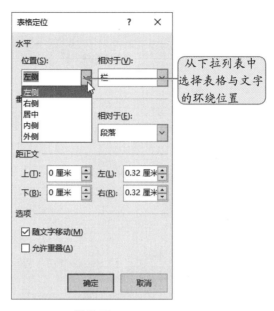

图 9-62

若只是设置表格在文件中的对齐位置，则可使用"开始"选项卡中的"段落"分组来设置右对齐或居中对齐。

9.4　使用与编辑图表

　　假如要在文件中加入与营业销售或数据有关的信息，以便进行说明或比较，通常使用"插入"选项卡中的"图表"功能来实现，因为将复杂的统计数据以简单的图表呈现不仅易于将抽象的数据具体化，还能让阅读者一目了然。

9.4.1　插入图表

　　要在文件中插入图表，可在"插入"选项卡中单击"图表" 按钮，接着根据图表用途选择适合的图表类型与样式，如饼图、条形图、柱形图、折线图等，随后可进入图表的编辑状态，具体步骤如图 9-63~ 图 9-65 所示。

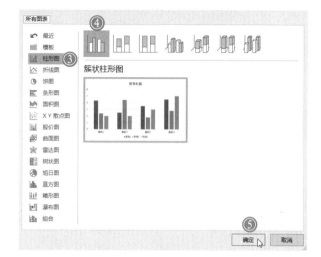

图 9-63   图 9-64

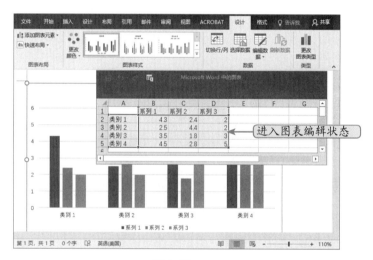

图 9-65

9.4.2 编辑图表数据

进入图表编辑状态后，可在显示出来的工作表上输入数据和信息，随后就可以看到更改后的图表，如图 9-66 和图 9-67 所示。

图 9-66

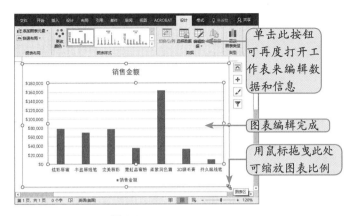

图 9-67

9.4.3　更改图表布局

如果对默认的图表布局不满意，可在"设计"选项卡中的"图表布局"分组中单击"快速布局"按钮，从下拉列表中选择图标布局样式，也可以选择"添加图表元素"，如图 9-68 所示。

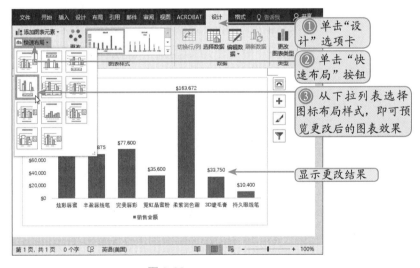

图 9-68

单击"设计"选项卡中的"添加图表元素"按钮，即可弹出下拉列表，下拉列表中有坐标轴、坐标轴标题、图表标题、数据标签、数据表、网格线、图例等选项，选择其中的选项即可看到更改后的效果。

9.4.4 更改图表样式与颜色

在创建图表后，我们可以应用"设计"选项卡中提供的各种图表样式。另外，单击"更改颜色"按钮也可以更改图表颜色，如图 9-69 所示。

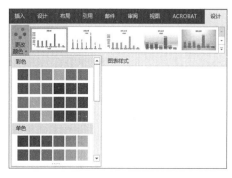

更改图表颜色　　　　　　　　　　　　　图表样式

图 9-69

如果需要更改其中某个图形的颜色或突显出来，只要双击该图形进行选择，再到"格式"选项卡中单击"形状填充" 按钮，从下拉列表中选择要更改的颜色即可，如图 9-70 所示。

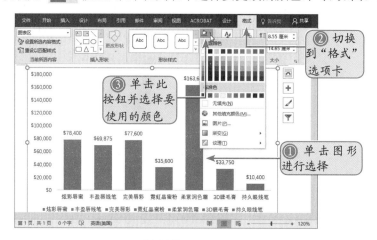

图 9-70

9.4.5 更改图表类型

如果之前选择了图表类型，在图表数据制作完成后却想更改为其他类型，那么可单击"设计"选项卡中的"更改图表类型"按钮，在"更改图表类型"窗口中重新选择图表类型与样式，如图 9-71 所示。

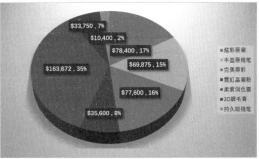

图 9-71

9.5　实践：文字转表格与表格美化

　　本节将把文字转换成适合的表格，同时对表格样式进行设置，让表格显示出丰富的颜色。
打开"实践"文件夹中的"02 联想力的魔术 .docx"文件，在"视图"选项卡中勾选"导航
窗格"，并在"导航"窗格切换到 2-3 节处，如图 9-72 所示。

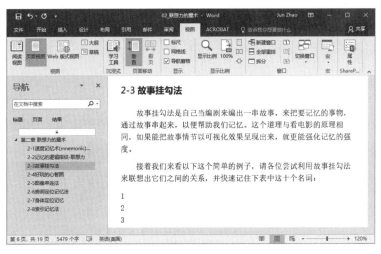

图 9-72

9.5.1　文字转换成表格

（1）以逗号分隔文字：先将 1~10 的数字用逗号进行分隔，使它们排成一行。同样地，从"熊猫"到"警察"的段落也用逗号分隔，并排成第二行，文字显示如图 9-73 所示。

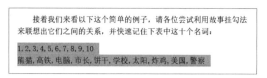

图 9-73

（2）文字转换成表格：选择这两段文字后，单击"插入"选项卡中的"表格"按钮，并从下拉列表中选择"文本转换成表格"选项，打开"将文字转换成表格"窗口，然后在对话框中的"文字分隔位置"下选中"逗号"单选按钮，最后单击"确定"按钮，基本表格就创建完成了，具体步骤如图 9-74~ 图 9-76 所示。

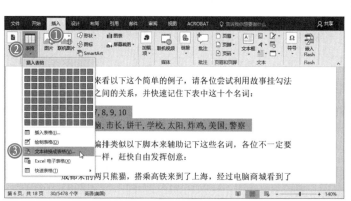

图 9-74

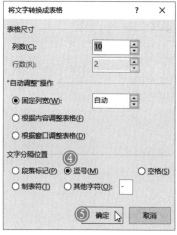

图 9-75

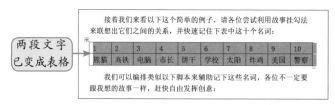

图 9-76

9.5.2　表格与文字居中对齐

（1）自动调整单元格大小：在表格左上方单击田按钮以选中整个表格，再到"布局"

选项卡中单击"自动调整" 按钮，从下拉列表中选择"根据内容自动调整表格"选项，可将列宽设为与内容宽度相同，具体步骤如图 9-77 所示。

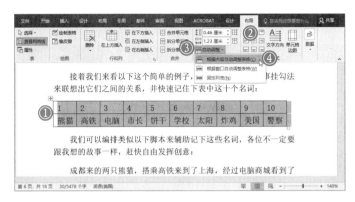

图 9-77

（2）表格对齐页面中央：在"开始"选项卡的"段落"分组中单击"居中" 按钮，可将表格对齐页面中央，如图 9-78 所示。

图 9-78

（3）表格文字居中对齐：只选择表格中的文字，在"开始"选项卡的"段落"分组中单击"居中" 按钮，即可将表格中的文字居中对齐，如图 9-79 所示。

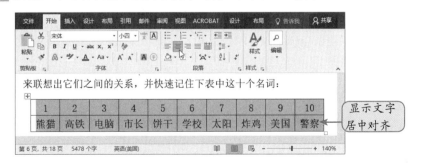

图 9-79

9.5.3 应用表格样式

（1）设置表格样式选项：选择表格后，在"设计"选项卡的"表格样式选项"分组中勾选"标题行"与"镶边列"复选框，如图 9-80 所示。

图 9-80

（2）选择表格样式：在"设计"选项卡的"表格样式"下拉列表中，选择自己想要应用的颜色与效果，如图 9-81 和图 9-82 所示。

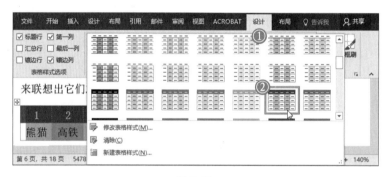

图 9-81

图 9-82

按此方式即可完成表格的制作。接下来以同样的方式完成 2-3 节后面的表格，如图 9-83 所示。

【随堂练习】

1.请利用你的丰富联想力，编写一段故事来记住以下名词：

1	2	3	4	5	6	7
章鱼	篮球	豆花	月亮	傻瓜	冬瓜	火星

8	9	10	11	12	13	14
台风	流星	塞车	大脚	月考	日本	飞机

图 9-83

第 10 章　Chapter 10

长文件的排版技巧

　　在学术界或出版界，使用 Word 进行长文件编排是常有的事，少则数十页，多则数百页，想要加快编排的速度，目录、页眉、页脚、脚注、参考资料、封面等事项都必须考虑进去，如果能多花一些时间来了解，就能让排版工作变得简单容易，如图 10-1 所示。

图 10-1

10.1　长文件编排时的注意事项

　　想要让读者在长文件中快速找到所需的信息，提高文件的易读性，在编排长文件时就必须为读者在这方面多加考虑，这里提供几个注意事项供大家参考。

10.1.1　使用目录速查数据

目录对于长文件来说是不可或缺的部分，其作用是指导读者快速找到想要阅读的内容。在 Word 中可以通过大纲来自动产生目录，不用通过复制 / 粘贴功能一一抄录章节标题。如图 10-2 所示为大纲自动生成目录的范例。

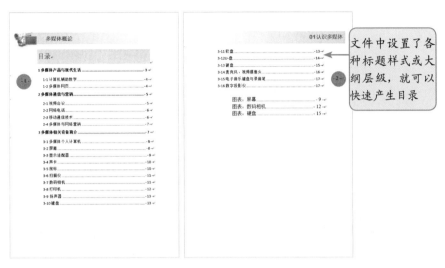

图 10-2

要查看文件中是否有大纲层级的设置，可在打开文件后，在"视图"选项卡中单击"大纲"按钮，随后即可进入"大纲"状态进行浏览，具体步骤如图 10-3（a）、图 10-3（b）和图 10-4 所示。其中图 10-3（a）是 Word 2019 版之前的界面显示方式，而图 10-3（3）则是 Word 2019 版之后的界面显示方式，只是略有不同。

（a）

（b）

图 10-3

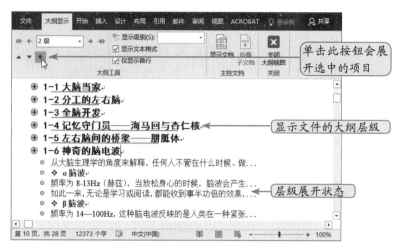

图 10-4

另外，在"视图"选项卡中勾选"导航窗格"，就可以从"导航"窗格看到所设置的标题情况与文件结构，这些都是设置目录的基础，如图 10-5 所示。

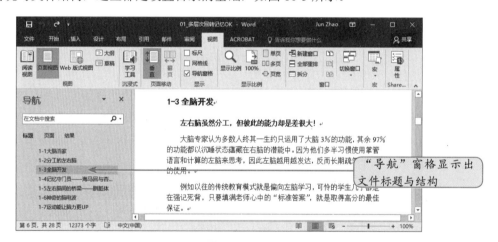

图 10-5

10.1.2 善用页眉和页脚以增加文件的易读性

页眉和页脚的基本功能就是为读者提供阅读的导航，所以文件名称、章节名称、页码、文件创建日期等信息都会显示在这里。尤其是长文件，页眉和页脚信息对于导航的作用越显重要，而且设计一次后即可应用到整个文件或整本书中。这部分在开始进行页面布局时已经指导大家如何设置了，相信大家都很熟悉了。

10.1.3　加入页码显示当前页数

　　页码用来标示页面的号码，也可以进行书的页面总数的统计。页码方便读者进行检索，以便快速翻阅到想要阅读的内容。

　　页码除放置在页眉或页脚处外，也可以根据设计者的版面设计而放置在页面的左边界或右边界。页码可以加入装饰的图样，或者使用线条图案来与正文做视觉区分，让读者能够清楚辨识，如图 10-6 所示。

图 10-6

　　在 Word 中，在"插入"选项卡中单击"页码"按钮，就可以选择页码要放置的位置。若文件中要分章节，想要调整页码的显示格式，则可以从下拉列表中选择"设置页码格式"选项进行设置，如图 10-7 所示。

图 10-7

10.1.4　用脚注和尾注增加文件的可读性

　　脚注和尾注是文件正文的补充说明，常用来解释或批注某个专有名词或词语，是正文的参考资料，用以说明资料来源或补充，以增强文件的可读性，一般多在研究报告中出现。

　　脚注的特点是文字之后会出现一个上标符号或编号，而说明文字会显示在该页的底部，同时会以脚注分隔线隔开，并在左侧显示脚注引用编号，如图 10-8 所示。

图 10-8

当我们将鼠标指针移到脚注所标示的符号上时，Word 会自动以小方块显示该脚注的内容，如图 10-9 所示。

图 10-9

尾注的作用与脚注类似，不同的是尾注放在文件的最后或小节的最后，如图 10-10 和图 10-11 所示。

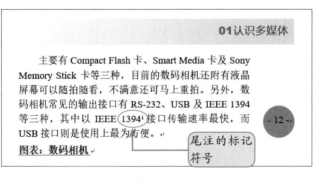

图 10-10

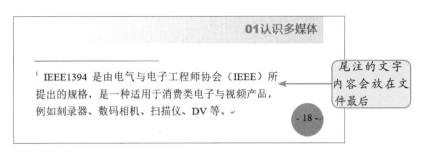

图 10-11

10.1.5　用题注来增强图表的可读性

在文件编排时，经常会将表格或图例以数字编号，然而在文件的创建过程中，经常反复挪动章节的内容、增减图表，所以当图表顺序有变动后，如果要手动重新编号，就会相当耗费时间。

Word 提供了"题注"功能，只要在图表的位置插入一个题注位置，一旦更改了图表的位置，系统就会自动将其重新编号，这样一来作者就不必担心图表的增减，从而专心于文字的编写和创作。

10.2　页眉 / 页脚与页码的设置

页眉 / 页脚与页码的设置相信大家都已经熟悉了，早在第 2 章介绍页面布局时我们已经介绍了基本的设置技巧，只要双击文件的页眉或页脚处，就能进入页眉或页脚的编辑状态，若要新建页码，则可在"设计"选项卡中单击"页码"按钮，从下拉列表中选择要新建的位置即可。这里将针对页眉 / 页脚与页码的部分做些补充说明，让大家有更深一层的认识。

10.2.1　更改页眉 / 页脚的大小

双击页眉 / 页脚处并进入编辑状态后，在"设计"选项卡中可看到"位置"分组，修改"页眉顶端距离"或"页脚底端距离"的数值，即可更改页眉 / 页脚的大小，如图 10-12 所示。

图 10-12

10.2.2　让页眉 / 页脚信息靠右对齐

在编辑页眉 / 页脚信息时，最简单的方式是使用"开始"选项卡的"段落"分组来设置文字左对齐、居中、右对齐或两端对齐，如图 10-13 左图所示。除此之外，在进入页眉和页脚编辑模式时，单击"设计"选项卡中的"插入对齐制表位"按钮也可以插入制表位来协助页眉 / 页脚信息的对齐，如图 10-13 右图所示。

图 10-13

如图 10-14 所示，设置"右对齐"，对齐基准为"边距"，再选择"前导符"，就可以在文字之前加入指定的前导字符，具体步骤如图 10-14 和图 10-15 所示。

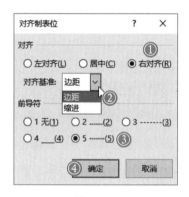

图 10-14

图 10-15

10.2.3　快速新建页眉和页脚内容的部件

在新建页眉 / 页脚内容时，Word 也为用户提供了许多文档部件，可以加入日期、标题、公司、作者等文件摘要信息。在页眉 / 页脚编辑状态下，在"设计"选项卡中单击"文档部件"  按钮，从下拉列表中选择"文档属性"选项，再从列表中选择要加入的部件对应的名称即可。插入文档部件后，用户只需在其字段内输入信息即可，具体步骤如图 10-16（a）、图 10-16（b）和图 10-17 所示。其中图 10-16（a）是 Word 2019 版之前的界面显示方式，在进入页眉和页脚编辑状态时，菜单中有两个"设计"菜单项，一个是第 4 个菜单项，另一个是图中标示了②的菜单项，容易造成用户操作上的混淆。而图 10-16（b）则是 Word 2019 版之后的界面显示方式，标示为②的菜单项为"页眉和页脚"，这样直接表示当前的工具栏是与页眉和页脚相关的操作，就没有 Word 之前的版本容易造成用户操作混淆的问题了。

（a）

（b）

图 10-16

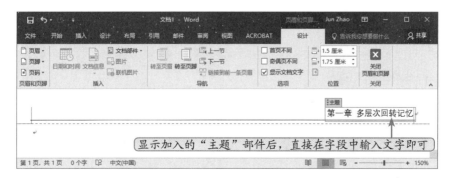

图 10-17

10.2.4 同一份文件的不同页码格式

同一份文件中的页码格式基本上是相同的，页码也是连续的，但是有时候会在同一份文件中采用不同的页码格式，如书的目录、前言、序言等，此时页码编号往往与正文的页码格式不同。想要在同一份文件中应用不同的格式，最简单的方式是按照内容将文件划分成不同的章节，然后在不同的章节中新建不同的页码格式。

要进行不同的设置，先将插入点放在要分页或分节的位置上，在"布局"选项卡中单击"分隔符" ⊢⊣ 按钮，从下拉列表中选择"下一页"分节符，这样就可以将光标以后的文字显示到下一页中，如图 10-18 和图 10-19 所示。

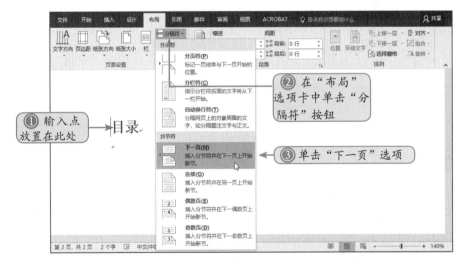

图 10-18

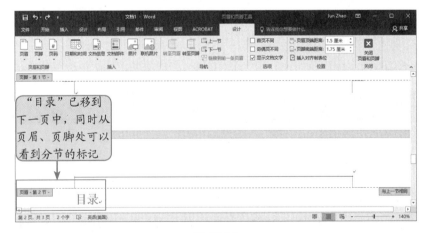

图 10-19

在分节以后，就可以在每节新建不同的格式页码。在"设计"选项卡中单击"页码"按钮，从下拉列表中选择"设置页码格式"，弹出如图 10-20 所示的"页码格式"窗口，从中选择新的编号格式。另外，要让不同小节的页码从 1 或指定的数值开始排列，可选中"起始页码"单选按钮，再设置起始的编号即可。

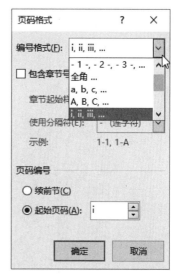

图 10-20

10.2.5　让每页的页眉和页脚内容都不同

有时候我们会希望文件每一页的页眉和页脚的内容都不一样，那么可以在"设计"选项卡（注意 Word 2019 版之后这个选项卡为"页眉和页脚"）中取消"导航"分组内的"链接到前一条页眉"选用状态，如图 10-21 所示，让它断开页与页之间的链接关系，如此一来就可以在最后的页眉或页脚新建所需的内容。

关闭此选项，以便为当前的章节建立不同的页眉或页脚信息

图 10-21

10.3　自动题注功能

Word 的"题注"功能可以增强文件图表的可读性，它会对选定的图表、表格或公式进行编号，题注的结构包含"标签""标签编号""标签文字"三部分，如图 10-22 所示。

图 10-22

10.3.1　用题注功能为图片自动编号

要为图形插入题注，可右击该对象，并在弹出的菜单中选择"插入题注"选项，如图 10-23 所示，或者在"引用"选项卡中单击"插入题注"⬚按钮，打开"题注"窗口，如图 10-24 所示。

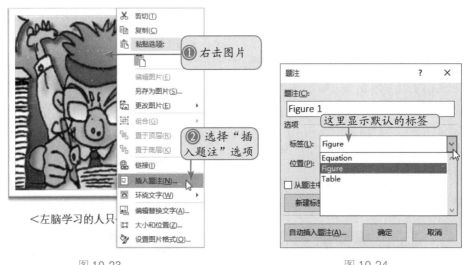

图 10-23　　　　　　　　　　　　　图 10-24

默认的标签有 3 种（以英文形式显示的 Equation、Figure 和 Table），用户可以自定义题注的标签。要新建标签，按照下面的方式进行设置即可，这里以"图"标签为例为大家示范说明，具体步骤如图 10-25~ 图 10-27 所示。

图 10-25

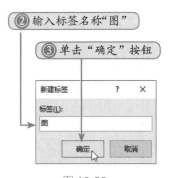

图 10-26

标签的编号方式一般是以阿拉伯数字 1、2、3 等编码格式呈现的，如果要设置其他编号格式，可单击"编号"按钮进入如图 10-28 所示的"题注编号"窗口进行格式选择。另外，如果希望标签中可以显现章节号，那么可勾选"包含章节号"复选框，然后设置"章节起始样式"和"使用分隔符"。但是，使用包含有章节号的标签时，必须使用"多级列表"功能对标签进行编号才行。

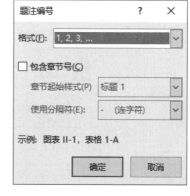

图 10-27　　　　　　　　　　　　　　　图 10-28

10.3.2　用标签功能为表格自动编号

要为表格插入题注，同样是右击表格后，从弹出的快捷菜单中选择"插入题注"选项，标签则选择"表格"（如果没有"表格"选项，就单击"新建标签"按钮新建一个），具体步骤如图 10-29~ 图 10-31 所示。

图 10-29　　　　　　　　　　　　　　　图 10-30

图 10-31

10.3.3 标签自动设置

使用"插入题注"功能，我们可以按序将表格或图表插入题注。如果表格或图表的位置有变动，或者在编排图表时有所遗漏，只要右击未加入标签的对象，而后在弹出的快捷菜单中选择"插入题注"选项，文件中的所有标签顺序就会自动更新。另外，选择标签编号并右击，再选择"更新域"选项，也可以快速更新表格的编号顺序，如图 10-32 所示。

图 10-32

10.4 引用设置

专科学生、本科学生、研究生或从事学术工作的人，经常需要写研究报告或论文，而大多数人都会使用 Word 来制作这些报告。这些学术论文或研究报告的撰写都有一定的写作格式，而且要求也非常严格，下面列出论文与研究报告应该包含的部分。

1. 论文（见表 10-1）

表10-1 论文包含的部分

篇 前	包含标题页、签名页、摘要、序言、致谢、目录、图目录、表目录
正 文	包含章、节、项、脚注
篇 后	包含参考文献、附录、索引

2. 研究报告（见表 10-2）

表10-2 研究报告包含的部分

前 言	说明研究动机与背景
正 文	包含章、节、项、脚注
结 论	包含参考文献、附录、索引

在编辑研究报告或论文时，有些额外的专有名词或内容通常需要加入引文或批注，让阅读文件的人能够更清楚地了解该内容的含义。这些专有名词或内容对于一般的读者而言可能不太熟悉，因此在研究报告或论文中需要增加这些引用或批注。下面对"脚注""参考文献""附录""索引"等项目做进一步的说明。

1. 脚注

脚注是当文件内容需要进一步说明，或提及他人的句子或概念时，可运用脚注辅助说明。脚注通常会出现在一页的下端、正文的左边，也有些著作会将所有尾注放在一章结束或全书正文结束之后。脚注的标示数字会按照整篇报告的脚注出现的顺序进行编号。

2. 参考文献

参考文献一般是指作者在撰写内容时所参考或引用的书目或期刊论文。若论文中引用了他人的文献，不但要注明出处，还要符合引文格式的规定，按照顺序写出这些参考的资料，使读者容易查询或深入研究，也是对参考对象的尊重。

3. 附录

附录通常用于放置文件的重要相关资料，只因其内容不适合放在正文中，所以放在附录中供读者查阅。若附录有两个以上，则通常以附录 A、附录 B 等顺序按序排列。

4. 索引

索引是将文件中所有的词句、主题或重要资料（如人名、概念等）一并列出，同时注明出现在文中的页次，方便读者查阅。索引通常以两栏的方式排列，中文是按照字体笔画的多寡决定先后顺序，英文则按照字母的顺序排列，作为查询资料的线索。

10.4.1 插入脚注或尾注

要插入脚注，先将插入点放在要插入脚注的位置，在"引用"选项卡中单击"插入脚注"按钮，接着鼠标会自动跳到该页的底部，同时显示脚注分隔线及脚注引用编号，此时直接输入脚注文字即可，如图 10-33 和图 10-34 所示。

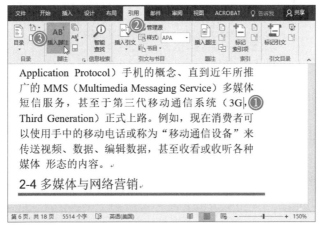

图 10-33

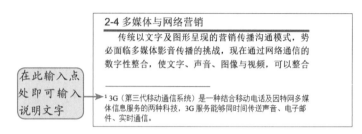

图 10-34

"尾注"的作用与"脚注"类似,不同的是新建的尾注放在文件的最后或章节的最后。将输入点放在要加入尾注的地方,在"引用"选项卡中单击"插入尾注"按钮,Word 就会自动切换到文件的最后一页,随后直接输入文字内容即可,具体步骤如图 10-35 和图 10-36 所示。

图 10-35

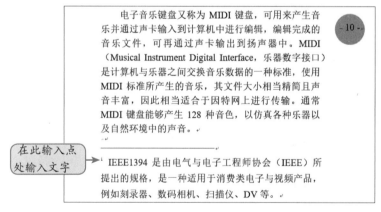

图 10-36

10.4.2 调整脚注 / 尾注的位置与编码格式

当文件中插入大量的脚注或尾注后，如果要查看脚注或尾注的内容，可在"引用"选项卡中单击"下一条脚注"按钮，再从下拉列表中选择所要查看的项目，如图 10-37 所示。

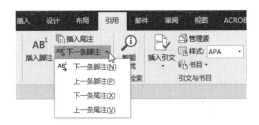

图 10-37

单击"脚注"分组旁的 ⌐ 按钮，可对脚注或尾注的位置进行设置。例如脚注可放在"页面底端"或"文字下方"，而尾注可设置在"节的结尾"或"文档结尾"处，如图 10-38 所示。若要调整编号格式，则单击"编号格式"后的下拉按钮，在下拉列表中更改即可。

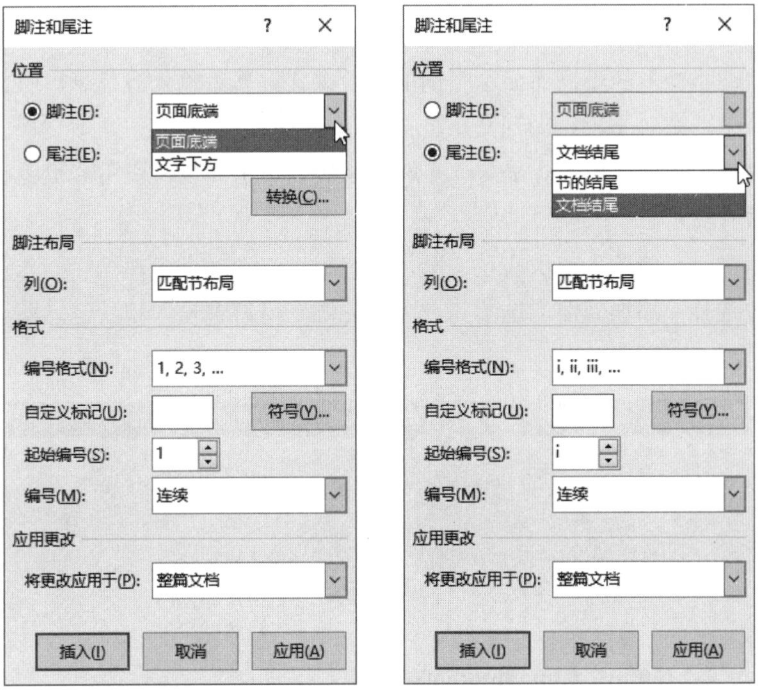

图 10-38

10.4.3 转换脚注与尾注

所加入的尾注或脚注彼此之间也可以互相转换。在如图 10-38 所示的窗口中单击 转换(C)... 按钮，出现如图 10-39 所示的窗口，在其中就可以选择转换的方式。

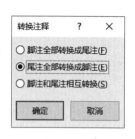

图 10-39

删除脚注与尾注

若要删除文件中所加入的脚注或尾注，只需单击正文中的脚注或尾注的引用标记，再按 Delete 键，就可以将其引用文字一并删除。

10.4.4 插入引文

文件中有时为了佐证个人的观点，会在文件中引用其他书籍、期刊文章、研讨会论文集等文章的内容，而所有的引文都必须注明资料的来源。使用"插入引文"功能时，会根据所选择的"源类型"的不同而显示不同的字段来让编著者输入源信息，引文的来源可为书籍、书籍章节、杂志文章、期刊文章、会议记录、报告、网站、网站文档、电子资料、艺术作品、录音、表演、电影、采访、专利、案例以及杂项，可引用的范围相当广，不一定只限于书籍或期刊。

要插入引文，可将输入点放在引文处，在"引用"选项卡中单击"插入引文"按钮，从下拉列表中选择"添加新源"选项，在"创建源"窗口中输入相关信息即可，具体步骤如图 10-40~ 图 10-42 所示。

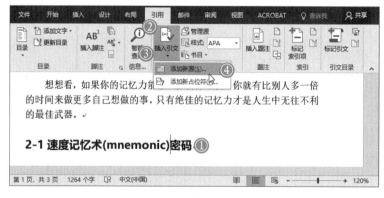

图 10-40

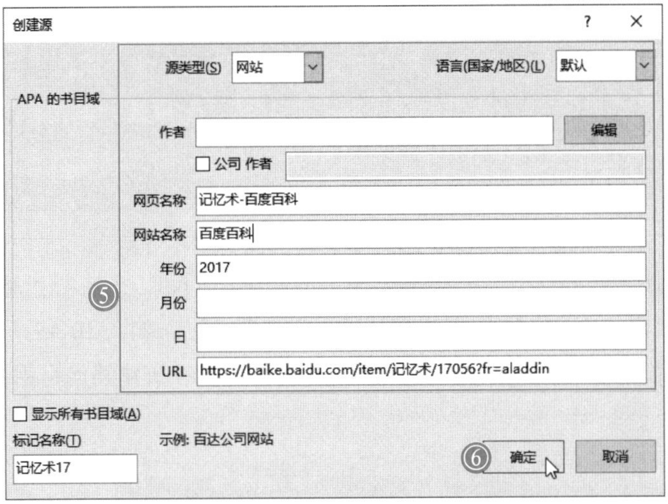

图 10-41

图 10-42

10.4.5 插入书目

在文件中按序插入引文后，还可以根据所创建的引文信息来自动产生书目。可将输入点放在书目要插入的位置，在"引用"选项卡中单击"书目"按钮，再从下拉列表中选择"插入书目"选项，最后就能加入参考的书目信息了，具体步骤如图 10-43 和图 10-44 所示。

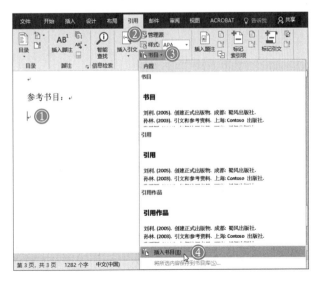

图 10-43

图 10-44

在编写论文时，也可以一并组织所有参考的书籍、期刊、杂志等资料，方便书目的编辑与管理。可在"引用"选项卡中单击"管理源"按钮，进入如图 10-45 所示的"源管理器"窗口，即可对引用资料的来源进行复制、删除、编辑，或者新建其他引用源。

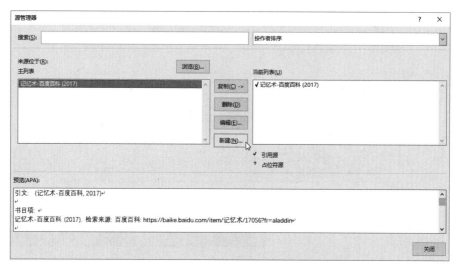

图 10-45

10.5 创建目录

要制作目录，使用 Word 提供的"目录"功能是很有效率的方式，不但容易创建，更新也易如反掌。不像"土法炼钢"那样手动制作目录，不仅要不断地往返复制/粘贴标题与页码，一旦内容有所变动，还要花费不少时间修正和确认标题、页码。

不过，使用"目录"功能得配合"样式"设置才能完成，也就是说，我们要使用"样式"功能将各个标题与副标题都加入样式的设置，才能使用"引用"选项卡下的"目录"功能。

10.5.1　用标题样式自动创建目录

要以标题样式来自动创建目录，先将输入点放在要加入目录的地方，在"引用"选项卡中单击"目录"按钮，从下拉列表中选择"自定义目录"选项，在"目录"窗口中单击"选项"按钮，以数字 1、2 设置文件中所设置的主 / 副标题样式，再选择应用的格式，退出窗口后就能完成目录的加入，具体步骤如图 10-46~ 图 10-51 所示。

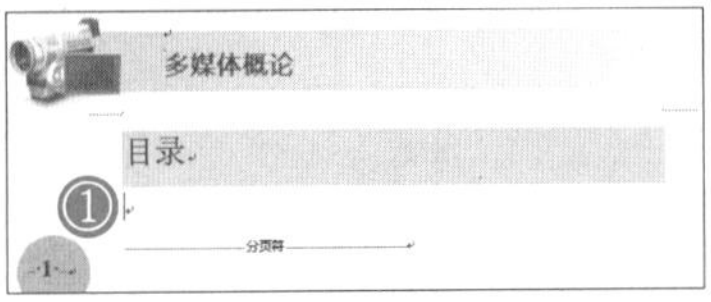

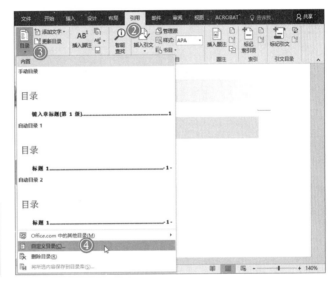

图 10-47

图 10-46

图 10-48

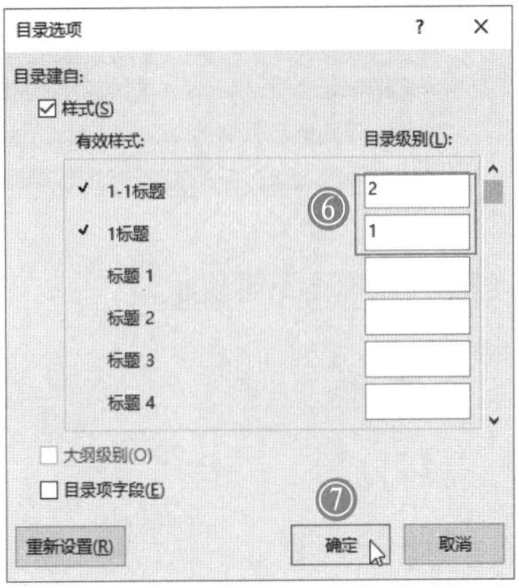

图 10-49

图 10-50

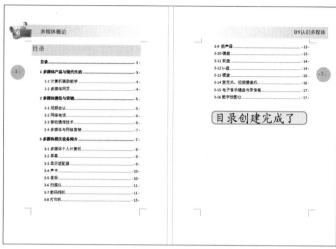

图 10-51

目录创建完成后，单击目录范围内的任意位置都会自动显示灰色的底纹。此时若按住 Ctrl 键，再单击目录中的标题，就会自动跳转到文件中与标题对应的位置，如图 10-52 和图 10-53 所示。

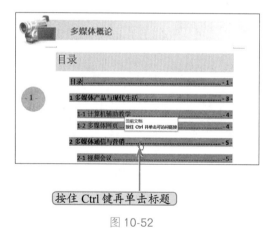

图 10-52

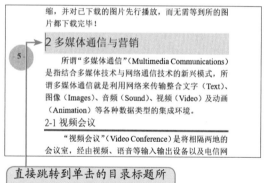

图 10-53

10.5.2　更新目录

如果文件的内容有变动，想要更新目录的信息，只要单击"引用"选项卡中的"更新目录"按钮，就可以在如图 10-54 所示的"更新目录"窗口中选择"只更新页码"或"更新整个目录"选项。

图 10-54

10.5.3 使用题注样式创建图表目录

如果排版的文件中有为图、表格或公式等加入题注的设置，那么可以将这些图、表格等制作成目录。我们可以在"引用"选项卡中单击"插入表目录"按钮，在弹出的"图表目录"窗口中将"题注标签"设为要加入的题注类型，接着单击"选项"按钮，勾选"样式"后从下拉列表中选择"图"（注：在此例中为图），随后按序单击"确认"按钮退出窗口，就完成了图表目录的添加，具体步骤如图 10-55~ 图 10-58 所示。

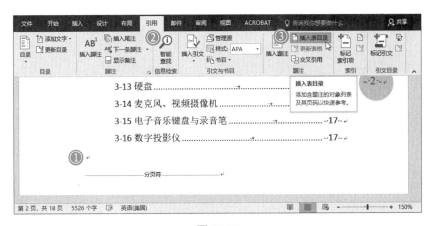

图 10-55

图 10-56

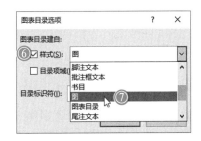

图 10-57

图表目录创建完成了

图 10-58

说 明

更新图表目录

如果图表目录需要更新，可直接在"引用"选项卡中单击"更新表格"按钮来选择"只更新页码"或"更新整个目录"。注意：Word 中翻译的不一致容易造成混淆，功能按钮上的文字有时候翻译成"图表"，有时候翻译成"表格"，读者需要注意。

10.5.4 设置目录格式

在创建目录时，可以同时为目录的文字创建格式，方法就是单击"目录"按钮并选择"自定义目录"选项后，先单击"选项"按钮指定目录源，接着将"格式"设置为"来自模板"，再单击"修改"按钮即可进行目录格式的设置，如图 10-59 所示。

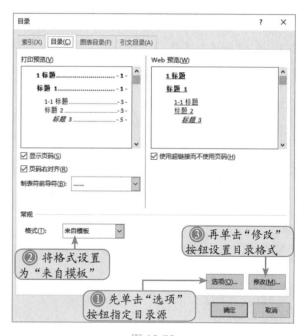

③再单击"修改"按钮设置目录格式

②将格式设置为"来自模板"

①先单击"选项"按钮指定目录源

图 10-59

弹出"样式"窗口后，分别单击"目录 1"和"目录 2"选项，再单击"修改"按钮修改目录 1 与目录 2 的样式，如图 10-60 和图 10-61 所示。

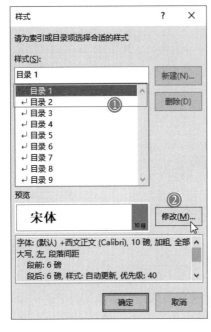

图 10-60

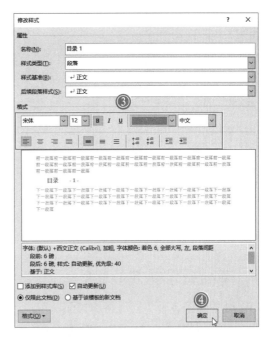

图 10-61

修改完成后，可从"打印预览"处看到修改的效果，如图 10-62 所示，退出"目录"窗口即可看到美观的目录外观，如图 10-63 所示。

图 10-62

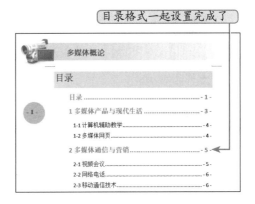

图 10-63

说明

将目录文字转换成普通文字

目录制作完成后，如果确定不会再进行更改，可以考虑将目录转换成普通文字，按 Ctrl+Shift+F9 组合键 3 次即可。

10.6 封面制作

文件排版大致完成后，最后必须加入封面，使得文件外观更美观，一方面能够表达文件的主题和制作者要传达的信息，另一方面可以通过封面设计来吸引读者的目光。

10.6.1 插入与修改内建的封面页

Word 内建了各种不同风格的封面，用户可以加以应用与修改。要插入封面，可将输入点放在文件的最前端，在"插入"选项卡中单击"封面"按钮，再从内建的缩略图中选择自己想要应用的封面效果，具体步骤如图 10-64 和图 10-65 所示。

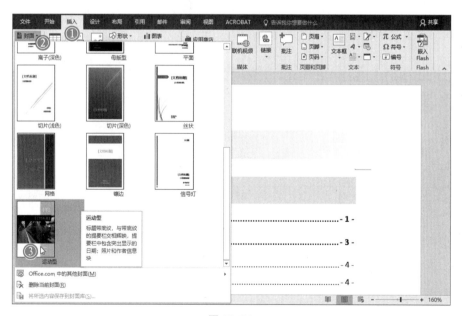

图 10-64

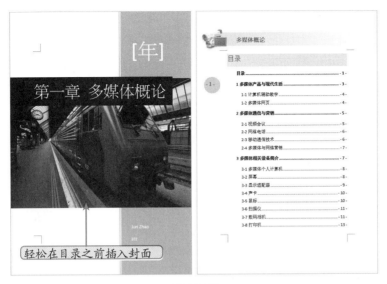

图 10-65

应用封面后，由于页面中的字段都是由文档部件构成的，因此采用的是部件默认的文字。我们可以更改文字的内容，也可以更改字体的样式，或者更改形状的颜色，如图 10-66 所示。

图 10-66

如果要更改文件中的默认照片，右击该图片，从快捷菜单中选择"更改图片"选项，接着选择"来自文件"选项，找到要替换的图片文件，再调整图片的比例大小即可，如图 10-67 和图 10-68 所示。

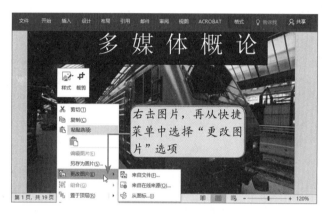

图 10-67　　　　　　　　　　　　　　　　图 10-68

10.6.2　插入空白页或分页符号

除使用内建的封面外，如果要在目录之前插入自己制作好的封面图片，就要先插入一个空白页或分页符号才行。可先将输入点放在文件最前面，再单击"插入"选项卡中的"空白页"按钮或"分页"按钮，如图 10-69 所示。

图 10-69

加入空白页面后，在"插入"选项卡中单击"图片"按钮将图片插入后，把"文字环绕"方式更改为"衬于文字下方"，然后将图片缩放成与文件页面相同大小即可，结果如图 10-70 所示。

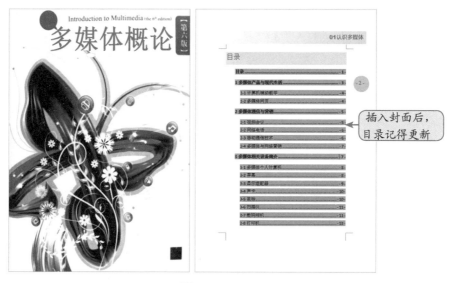

图 10-70

10.7　主控文档的应用

如果 Word 文件包含数十页或数百页，那么在打开文件或编辑文件时就会耗时过长，尤其是图片较多时，有时还会出现 Word 程序看似无法响应的窘境。对于书册的排版，如果将各章分散保存，要为这些分开保存的章节文件建立统一的页码和目录就会变得比较复杂，而主控文档就是用于解决这些问题。主控文档并不包含各个独立的文件内容，而是通过超链接来指向这些章节子文件。

10.7.1　将多份文件合并到主控文档

要将多份子文件合并到主控文档中，首先必须确保主控文档的页面布局与子文件相同，同时主控文档中所使用的样式和模板与子文件相同，这样才能执行合并的操作。

大家可以使用模板文件打开空白文件，删除所有文件内容后，再单击"视图"选项卡中的"大纲"按钮，出现"大纲显示"选项卡，如图 10-71 和图 10-72 所示。

图 10-71

图 10-72

接下来，在"大纲显示"选项卡中单击"显示文档"按钮，出现"主控文档"分组后单击其中的"插入"按钮，在弹出的"插入子文档"窗口中按照书的编排顺序将子文档打开到主控文档中，具体步骤如图 10-73~ 图 10-75 所示。

图 10-73

图 10-74

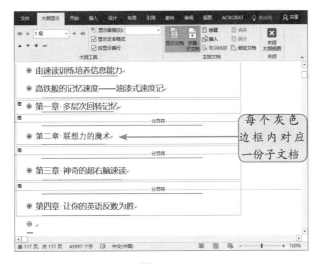

图 10-75

可以看到，"1 级"的标题就代表一份子文件，同时四周会有个灰色边框围绕着，它表示子文件的范围。边框左上角还有一个 ▦ 图标，双击该图标，可以快速打开对应的子文件。

另外，在插入子文件时，有时候会显示询问窗口，这是因为所插入的文件中有与主控文档中相同的样式，这里建议单击"全否"按钮，如图 10-76 所示，即不允许样式重新命名，以确保子文件内容的完整性。

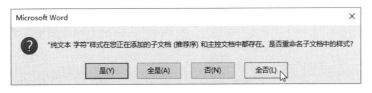

图 10-76

子文件都插入后，单击"大纲显示"选项卡中的"关闭大纲视图"按钮，将会回到"页面视图"，此时可浏览所有文件合并之后的效果，检查一下各章的页码、页眉、页脚等相关信息，看看是否有错误，如果有误，就要回到子文件中进行修正，如果确定没有问题，那么将文件命名为"主控文档.docx"。

10.7.2 调整子文件的先后顺序

在插入子文件的过程中，如果发现文件的顺序有误，可使用鼠标按住文件标题左侧的 ⊕ 按钮不放，然后把文件拖曳到正确的位置上，当出现黑色的三角形时，放开鼠标，子文件的顺序就调整完成了，如图 10-77 和图 10-78 所示。

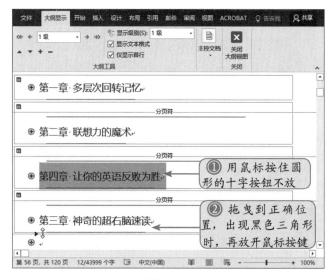

图 10-77

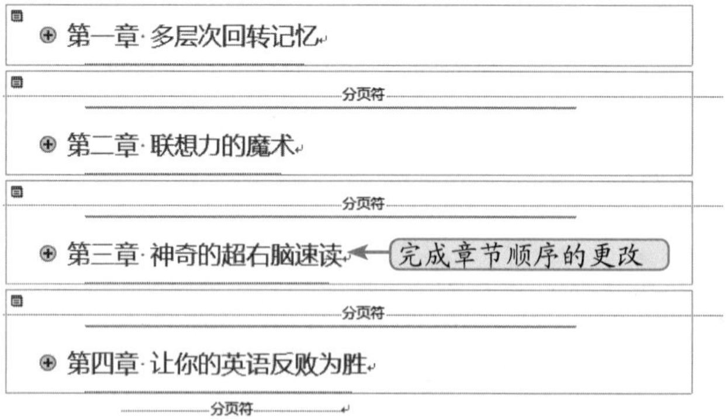

图 10-78

10.7.3　锁定子文件防止修改

想要避免因为操作过程的失误而导致子文件被修改的情况，可以指定将子文件设置为锁定状态。先将输入点放在要锁定的子文件范围内，在"大纲显示"选项卡中单击"锁定文档"按钮，就会在子文件标题左侧出现 🔒 图标，具体步骤如图 10-79 和图 10-80 所示。

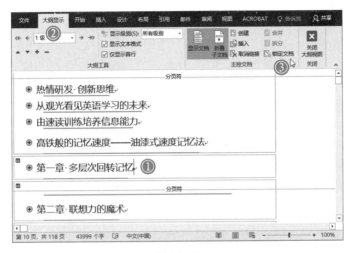

图 10-79

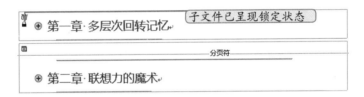

图 10-80

子文件被锁定后，在"大纲显示"模式或"页面视图"模式中，就无法修改文件内容。

解除子文件锁定状态

想要解除子文件被锁定的状态，只要在"大纲显示"模式中再次单击"锁定文档"按钮即可。

10.7.4　在主控文档中编辑子文件

创建主控文档后，下次打开"主控文档"时，只会显示如图 10-81 所示的超链接，而按住 Ctrl 键再单击超链接文字，即可打开子文件。

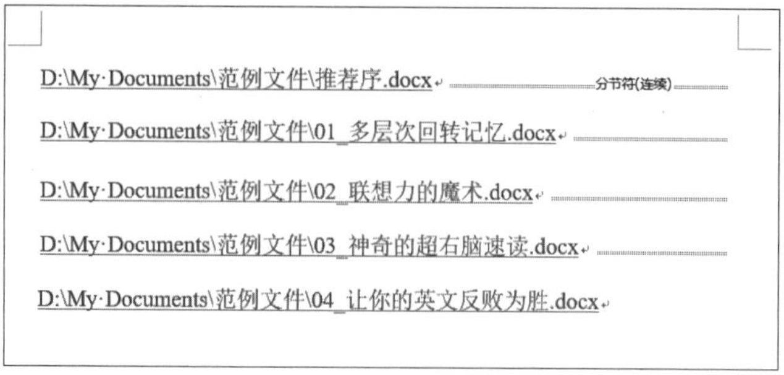

D:\My·Documents\范例文件\推荐序.docx ———————————— 分节符(连续)

D:\My·Documents\范例文件\01_多层次回转记忆.docx

D:\My·Documents\范例文件\02_联想力的魔术.docx

D:\My·Documents\范例文件\03_神奇的超右脑速读.docx

D:\My·Documents\范例文件\04_让你的英文反败为胜.docx

图 10-81

10.7.5 将子文件内容写入主控文档中

在默认情况下，所创建的主控文档只包含超链接，用以指向所链接的子文件。如果想要将子文件的内容都写入主控文档中，以便让主控文档包含所有编排的内容，那么只需切断主控文档与子文件的链接关系。在主控文档中按序将输入点放在每个子文件的范围内，在"大纲显示"选项卡中单击"取消链接"按钮，具体步骤如图 10-82 和图 10-83 所示。

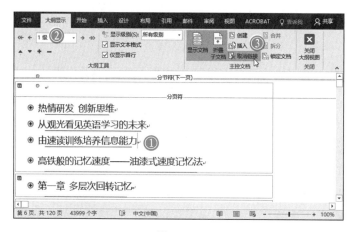

图 10-82

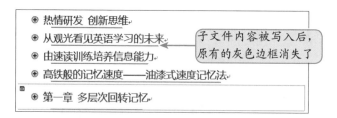

图 10-83

说·明

将一份文件分割成多份独立文件

要将一个包含大量内容的文件分割成多份子文件，可以使用"大纲显示"模式来处理。在进入"大纲显示"模式后，单击"创建"按钮即可办到，如图 10-84 所示。但要注意的是，分割后的源文件将不包含任何实际内容，而只包含指向这些独立的子文件的超链接。

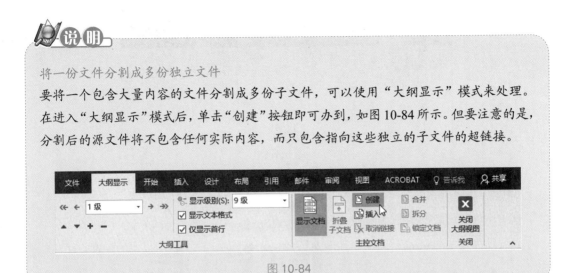

图 10-84

10.8 实践：章名页 / 书名页 / 推荐序 / 目录 / 主控文档的设置

本节将说明章名页、书名页、推荐序、目录、主控文档等的加入方式，同时介绍如何在同一份文件中让推荐序 1、2、3 与序言都能在页眉处标示出来，让大家可以轻松完成长篇文件的编排与组合。相关范例文件都放在本书提供的"10\ 实践"文件夹中，按照后文的提示打开文件开始练习。

10.8.1 各章加入章名页

（1）以插入图片方式插入章名页：先打开本章"实践"文件夹中的"01_ 多层次回转记忆 .docx"文件，将输入点放在第一页的开始处，在"插入"选项卡中单击"图片"按钮，插入"01 章名"图片文件，具体步骤如图 10-85 和图 10-86 所示。

图 10-85

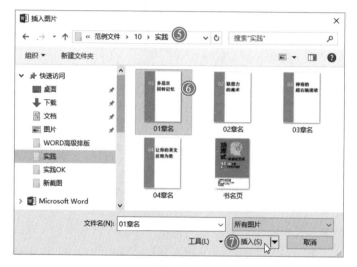

图 10-86

（2）更改文字环绕方式：在已选择图片的情况下，在"格式"选项卡中单击"环绕文字"下拉按钮，从下拉列表中选择"衬于文字下方"排列方式，如图 10-87 所示。

图 10-87

（3）调整图片大小并保存文件：用鼠标拖曳图片四角的控制点，让图片布满整个页面，然后单击左上角的"保存"按钮以保存文件，如图 10-88 所示。

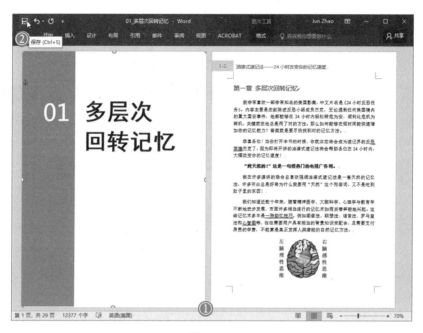

图 10-88

以上面的方式按序完成 02、03、04 章的章名页的设置并保存设置好的文件，其他 3 章的章名页如图 10-89 所示。

图 10-89

10.8.2 加入书名页

打开"推荐序 .docx"文件，这个文件将同时放入书名页、3 篇推荐序、自序等内容，稍后还会加入目录。

打开该文件后，首先在第一页加入书名页，书名页之后一般为空白页，也可以加入版权声明或出版物的编目资料。此处以空白页作为示范。

（1）插入空白页：打开"推荐序 .docx"文件，将输入点放在第一页的开始处，在"插入"选项卡中单击"空白页"按钮以便插入空白页，如图 10-90 所示。

图 10-90

（2）以插入图片的方式插入书名页：将输入点放在第一页的开始处，在"插入"选项卡中单击"图片"按钮，找到"书名页"图片文件后，将它插入文件中并重设大小使它贴满整个页面，具体步骤如图 10-91~ 图 10-93 所示。

图 10-91

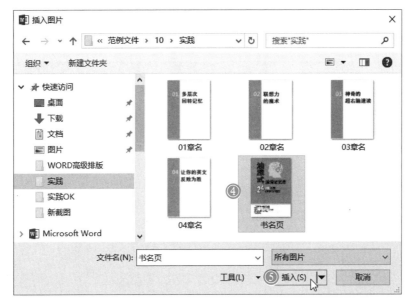

图 10-92

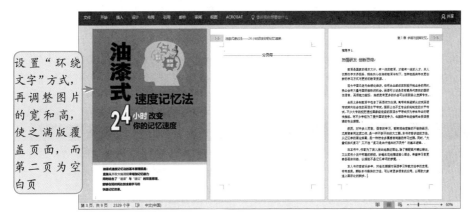

图 10-93

因为第二页会显示页眉和页脚信息，所以可自行用"形状"按钮插入一个白色矩形。

10.8.3 推荐序与页眉信息的设置

从第 3 页开始要放"推荐序 1"，第 5 页开始放"推荐序 2"，第 7 页开始放"推荐序 3"，第 9 页开始放"自序"，同时设置页眉，让右侧的页眉能显示出推荐序与自序的不同。至于页码部分，则改使用罗马编号，同时由书名页开始编码。

（1）在推荐序 1 开始处插入分节符：鼠标指针放在"推荐序 1"文字前，单击"布局"选项卡中的"分隔符"按钮，并在下拉列表中选择"下一页"分节符，步骤如图 10-94 所示。

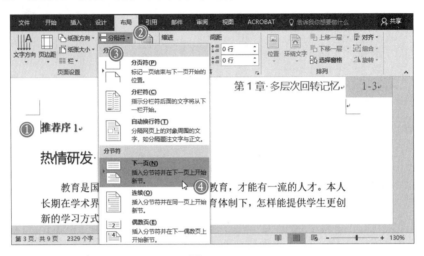

图 10-94

（2）设置推荐序 1 的页眉文字与页码格式：双击推荐序 1 的页眉处，进入页眉编辑状态，将标题名称更改为"推荐序 1"，单击页码"1-3"，将前方的章名删除。接着单击"设计"选项卡中的"页码"按钮，再选择"设置页码格式"选项，将"编码格式"设为罗马数字后，页码编排方式设为"续前节"，最后单击"确定"按钮退出就会看到更改后的结果，具体步骤如图 10-95~ 图 10-97 所示。

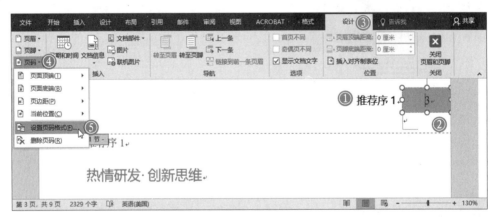

图 10-95

图 10-96

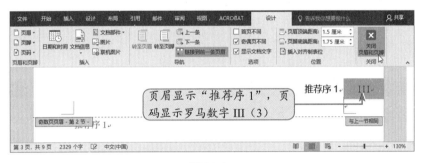

图 10-97

　　奇数页的页眉设置完成后，移到下一页，在偶数页的页眉处，将页码编号的章名编号删除，完成偶数页页码的修改，如图 10-98 所示。

图 10-98

　　（3）设置推荐序 2 的页眉文字：输入点放在"推荐序 2"文字前，单击"布局"选项卡中的"分隔符"按钮，接着从下拉列表中选择"下一页"分节符。双击页眉，以便进入页眉编辑状态，再单击"设计"选项卡中的"链接到前一条页眉"按钮，取消链接状态，再将标题名称更改为"推荐序 2"。如此一来，在阅读"推荐序 1"页面时，奇数页的页面会显示"推荐序 1"的页眉信息，在阅读"推荐序 2"页面时，页眉显示的信息为"推荐序 2"，具体步骤如图 10-99~ 图 10-101 所示。

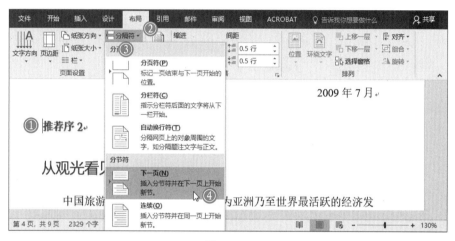

图 10-99

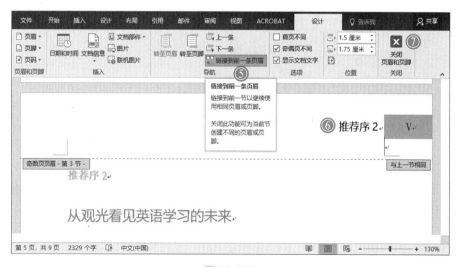

图 10-100

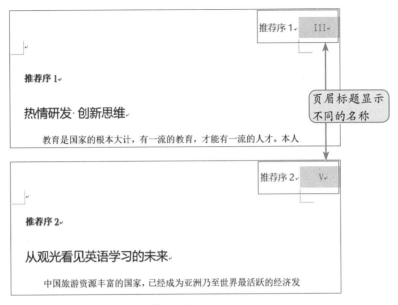

图 10-101

确认没问题后，自行以相同的方式设置"推荐序3"与"自序"的页眉标题，设置之后的结果如图 10-102 所示。

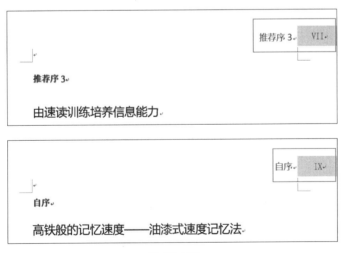

图 10-102

10.8.4 加入章节目录

在完成"推荐序 .docx"文件的设置后，我们继续加入章节目录。由于各章放置在不同的文件中，因此可以在加入目录之后，再将它复制到"推荐序 .docx"后面。

（1）自定义目录：先打开"01_ 多层次回转记忆 .docx"文件，将输入点放在文件最后，在"引用"选项卡中单击"目录"按钮，从下拉列表中选择"自定义目录"选项，随后弹出"目录"窗口。取消勾选"使用超链接而不使用页码"复选框，确认勾选"显示页码"和"页码右对齐"复选框，并设置"制表符前导符"，格式设为"来自模板"，"显示级别"设为2，再单击"选项"按钮以确定"目录建自"是否设置在"标题1"与"标题2"的位置上，单击"确定"按钮退出当前窗口。再单击"修改"按钮进入"样式"窗口，把"目录1"修改成褐色粗体，按序退出窗口，就会看到创建完成的目录，具体步骤如图 10-103~ 图 10-107 所示。

图 10-103

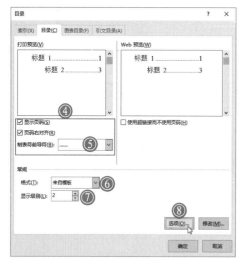

图 10-104

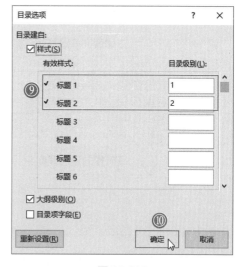

图 10-105

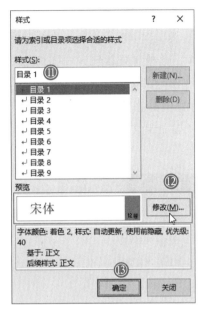

图 10-106

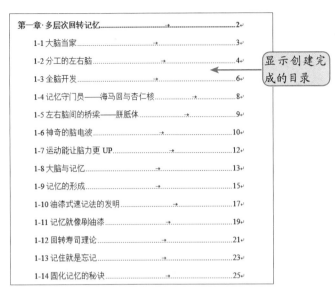

图 10-107

（2）以手动方式加入章的编号：由于先前在设置版面布局时是直接在页码前加入章的编号，因此现在需要使用手动方式加入章的编号。直接将输入点放在各个页码之前，再输入"1-"以使目录显现，如图 10-108 所示。

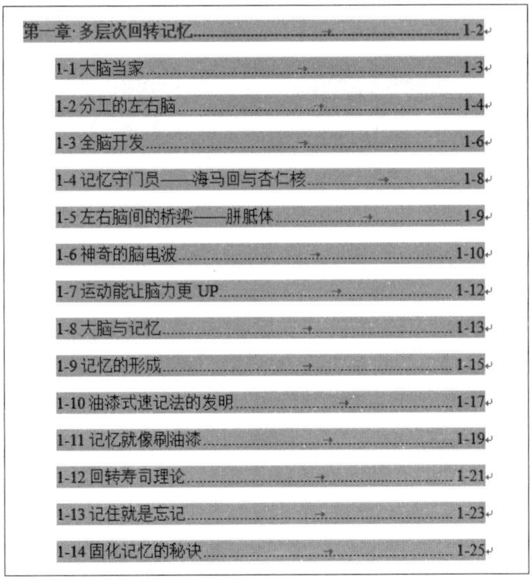

图 10-108

（3）剪切目录再粘贴到推荐序的后面：打开"推荐序 .docx"文件，在"自序"的最后一行按 Enter 键，并输入"目录"二字。把输入点放在"目录"文字前，再单击"布局"选项卡中的"分隔符"，从下拉列表中选择"下一节"选项，以使目录移到下一页。进入页眉编辑状态后，先到"设计"选项卡中单击"链接到前一条页眉"按钮，取消这个功能，再将标题修改为"目录"。退出页眉编辑状态后，选择刚才修改好的目录，按 Ctrl+X 组合键剪切下目录，然后按 Ctrl+V 组合键粘贴到推荐序文件的"目录"文字后面。具体步骤如图 10-109~ 图 10-111 所示。

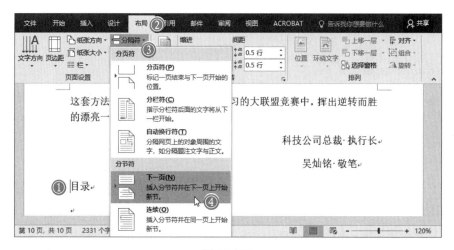

图 10-109

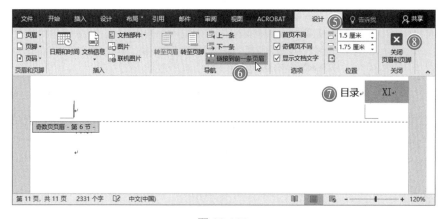

图 10-110

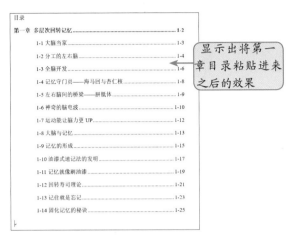

图 10-111

　　接下来按照相同的方式将第二章、第三章、第四章的目录粘贴到"推荐序 .docx"文件的后面，最后的结果如图 10-112 所示。

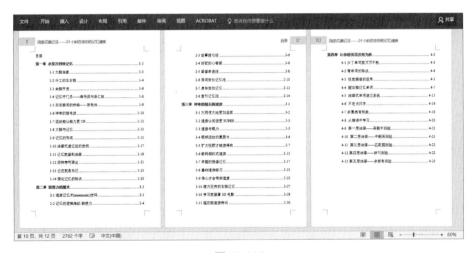

图 10-112

10.8.5　主控文档的设置

　　（1）插入子文件到主控文档：先使用模板文件打开空白文件，删除所有的文件内容后，在"视图"选项卡中单击"大纲"按钮，之后在"大纲显示"选项卡中单击"显示文档"按钮，接着单击"插入"按钮，在"插入子文档"窗口中按照书的编排顺序将推荐序、01、02、03、04 等子文件打开到主控文档中（按 Delete 键把最前面多余的分节符删除），具体步骤如图 10-113~ 图 10-116 所示。

图 10-113

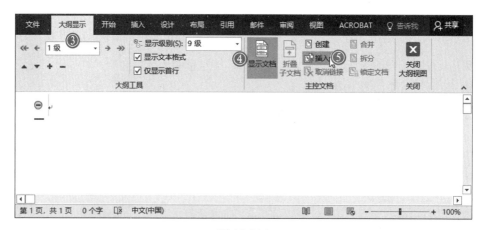

图 10-114

图 10-115

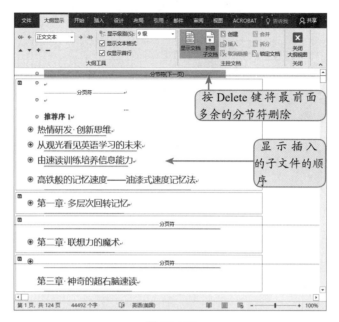

图 10-116

（2）保存主控文档：先切换到"视图"，浏览整个文件都没问题后，在"文件"选项卡中选择"另存为"选项，将文件另存为"主控文档 .docx"，步骤如图 10-117 所示。

图 10-117

文件合并后的完整排版内容可自行参阅"10\ 实践 OK"文件夹中名为"完整排版内容 OK.docx"的文件。

第11章 ← Chapter 11

快速修正排版错误

　　Word 程序提供了多种工具可以帮助作者或编排人员快速进行修正排版差错，如查找与替换功能就是提高排版效率的法宝。大家在第 3 章的实践中已经体验过如何快速删除多余的空格，以及进行标点符号的修正。本章将更深入地讨论修正错误的方法与技巧，让排版效率更上一层楼。

11.1　自动校对文件

　　在输入中英文字时，Word 会自动判读文字，同时分析所输入的拼写或语法是否有错，如果拼写有问题，就会马上在单词下方显示波浪状的红线，如果是语法上的错误，就会出现蓝色的波浪状线条。在输入文件内容时，要特别注意有这类标记的地方，看看是否有什么问题，如图 11-1 所示。

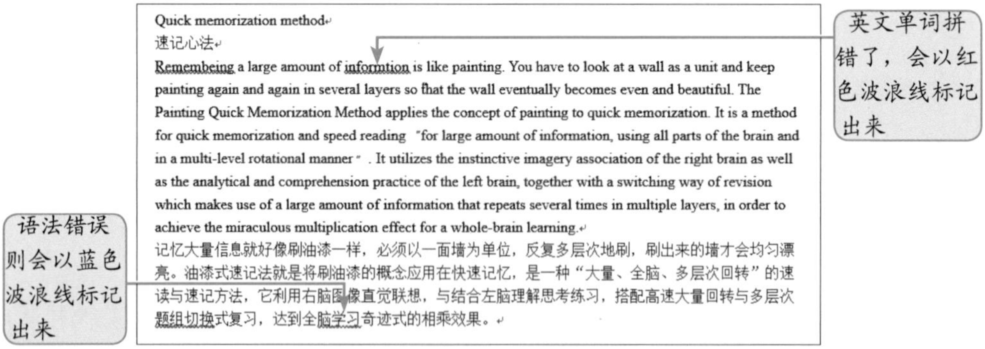

Quick memorization method
速记心法
Remembeing a large amount of informtion is like painting. You have to look at a wall as a unit and keep painting again and again in several layers so that the wall eventually becomes even and beautiful. The Painting Quick Memorization Method applies the concept of painting to quick memorization. It is a method for quick memorization and speed reading "for large amount of information, using all parts of the brain and in a multi-level rotational manner". It utilizes the instinctive imagery association of the right brain as well as the analytical and comprehension practice of the left brain, together with a switching way of revision which makes use of a large amount of information that repeats several times in multiple layers, in order to achieve the miraculous multiplication effect for a whole-brain learning.
记忆大量信息就好像刷油漆一样，必须以一面墙为单位，反复多层次地刷，刷出来的墙才会均匀漂亮。油漆式速记法就是将刷油漆的概念应用在快速记忆，是一种 "大量、全脑、多层次回转" 的速读与速记方法，它利用右脑图像直觉联想，与结合左脑理解思考练习，搭配高速大量回转与多层次题组切换式复习，达到全脑学习奇迹式的相乘效果。

英文单词拼错了，会以红色波浪线标记出来

语法错误则会以蓝色波浪线标记出来

图 11-1

如果文件中没有出现波浪状的线条，那么可能是因为 Word 选项功能没有启动。在"文件"选项卡中单击"选项"命令，切换到"校对"类，确定"键入时检查拼写""键入时标记语法错误""随拼写检查语法"等选项已处于勾选状态，如图 11-2 所示。

图 11-2

11.1.1　自动修正拼写与语法问题

当我们在文件中看到 Word 所标记的问题点时，只要右击该问题点的文字，就可以通过它的提示来自动修正拼写或语法问题。

1. 自动修正拼写错误（见图 11-3 和图 11-4）

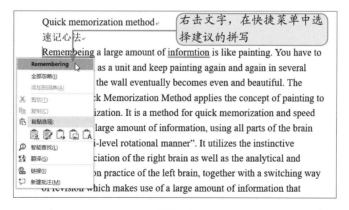

图 11-3

修正后的英文单词不再出现红色波浪线的标记

Quick memorization method

速记心法

Remembering a large amount of information is like painting. You have to look at a wall as a unit and keep painting again and again in several layers so that the wall eventually becomes even and beautiful. The Painting Quick Memorization Method applies the concept of painting to quick memorization. It is a method for quick memorization and speed reading "for large amount of information, using all parts of the brain and in a multi-level rotational manner". It utilizes the instinctive imagery association of the right brain as well as the analytical and comprehension practice of the left brain, together with a switching way of revision which makes use of a large amount of information that

图 11-4

2. 修正语法问题（见图 11-5～图 11-7）

miraculous multiplication effect for a whole-brain learning.

记忆大量信息就好像刷油漆一样，必须以一面墙为单位，反复多层次地刷，刷出来的墙才会均匀漂亮。油漆式速记法就是将刷油漆的概念应用在快速记忆，是一种"大量、全脑、多层次回转"的速读与速记方法，它利用右脑图像直觉联想，与结合左脑理解思考练习，搭配高速大量回转与多层次题组切换式复习，达到全脑学习奇迹式的相乘效果。

①右击蓝色波浪线标记的文字

②选择"语法"选项

插入　错误或特殊用法

忽略一次(I)

语法(G)...

剪切(T)

复制(C)

粘贴选项：

智能查找(L)

翻译(S)

链接(I)

新建批注(M)

图 11-5

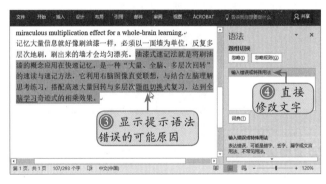

③显示提示语法错误的可能原因

④直接修改文字

图 11-6

miraculous multiplication effect for a whole-brain learning.

记忆大量信息就好像刷油漆一样，必须以一面墙为单位，反复多层次地刷，刷出来的墙才会均匀漂亮。油漆式速记法就是将刷油漆的概念应用在快速记忆，是一种"大量、全脑、多层次回转"的速读与速记方法，它利用右脑图像直觉联想，与结合左脑理解思考练习，搭配高速大量回转与多层次题目分组切换式复习，达到全脑都参与学习的奇迹相乘效果。

> 修正完成后蓝色波浪线会自动消失

图 11-7

11.1.2　校对：拼写和语法检查

除输入文字时自动修正错误外，也可以等到所有输入工作告一段落后，再单击"审阅"选项卡中的"拼写和语法"按钮，这样 Word 会按照标示的先后顺序来逐一校对。

将输入点放在文章的最前端，在"审阅"选项卡中单击"拼写和语法"按钮，当右侧出现"拼写检查"窗格时，按照文件内容选择"变更"或"忽略"按钮，按序逐一检阅并修正内容，具体步骤如图 11-8 和图 11-9 所示。

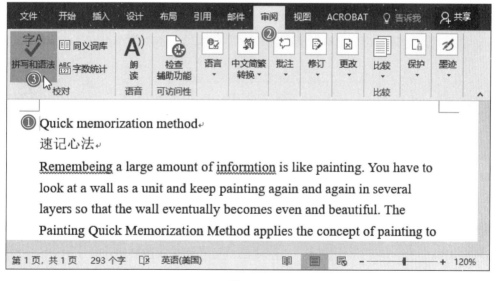

图 11-8

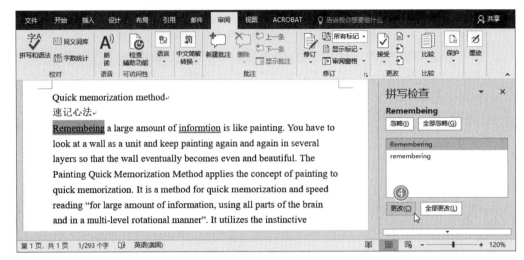

图 11-9

当所有有波浪线的文字都检查完毕后，就会出现如图 11-10 所示的声明检查完成窗口，单击"确定"按钮即可退出。

图 11-10

11.2 查找和替换文字

在编辑较长的文件时，想要从中查找并修改某个特定的错别字，单凭肉眼搜索总会有遗漏的地方。Word 提供了"查找"与"替换"功能，可以快速在文件中找到指定的文字。本节就来认识一下"查找"与"替换"功能，以便让错误无所遁形。

11.2.1 用导航窗格来搜索文字

"导航"窗格位于窗口的左侧。在"视图"选项卡中勾选"导航窗格"选项，或在"开始"选项卡中单击"查找"按钮，从下拉列表中选择"查找"选项，也会跳出"导航"窗格。在搜索栏中输入要查找的文字，按 Enter 键之后，文件中就会以黄底色把找到的文字都标记出来，并且找到的文字处于被选中状态。

用快捷键迅速打开"导航"窗格

假如我们经常使用"导航"窗格来切换章节标题，或搜索文字，也可使用 Ctrl＋F 快捷键，如图 11-11 所示。

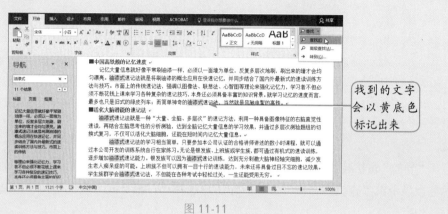

找到的文字会以黄底色标记出来

图 11-11

停止搜索结果

要消除已搜索到的黄底色标记，可在搜索字段后单击 ✖ 按钮结束搜索，如图 11-12 所示，此时可回到文件之前的状态。

图 11-12

11.2.2 快速修改同一个错误

想要从文件中快速修改同一个错误，在"开始"选项卡中单击"替换"按钮，将会显示"查找和替换"窗口，输入要查找的内容，再在"替换为"文本框中输入要替换的文字，单击"查找下一处"按钮，将会逐一显示找到该文字的位置让我们确认，而单击"全部替换"按钮则会将所有找到的文字一次性替换完成，具体步骤如图 11-13 所示。

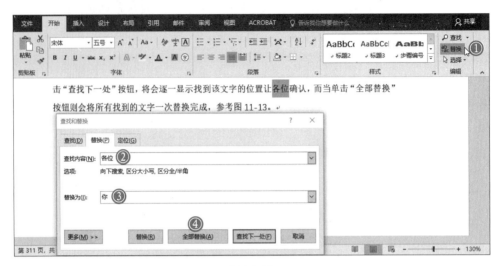

击"查找下一处"按钮,将会逐一显示找到该文字的位置让各位确认,而当单击"全部替换"

按钮则会将所有找到的文字一次替换完成,参考图11-13。

图 11-13

在"导航"窗格搜索后,可单击其后面的下拉按钮,再从下拉列表中选择"替换"选项,之后也会显示出"查找和替换"窗口,让用户选择"替换"或"全部替换",具体步骤如图 11-14 所示。

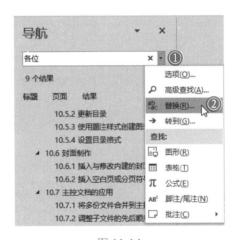

图 11-14

11.2.3　删除多余的半角或全角空格

在整理文稿时,经常有多余的半角或全角空格,如果要逐个手动删除,就需不停地按 Delete 键,而通过查找和替换功能可以一次性删除所有多余的半角或全角空格,步骤如图 11-15 和图 11-16 所示。

① 先选择要删除的全角空格，再执行"复制"命令

④ 单击"全部替换"按钮

② 进入"查找和替换"窗口后，将全角空格粘贴到"查找内容"字段中

③ "替换为"字段不输入任何内容

图 11-15

一次性就将所有全角空格删除了。单击"是"按钮会从头继续搜索，若刚才已经从头开始搜索，则单击"否"按钮退出即可

图 11-16

11.2.4 快速转换英文大小写

英文字母有大小写之分，如果文件中同一个单词有不同的写法，如 word、WORD、Word 等差异，那么排版时可以使用"查找和替换"功能来转换。

按 Ctrl＋H 快捷键打开"查找和替换"窗口，单击左下角的"更多"按钮会显示出下方的搜索选项，默认会勾选"区分大小写"选项，而所勾选的选项会自动列在"查找内容"字段下方，如图 11-17 所示。

勾选"区分大小写"复选框后，在搜索单词时，只有完全匹配 WORD 的文字才会被搜索到，其他如 word、Word 等单词则不会出现在查找范围内。若取消勾选该选项，则 word、Word 等单词就会出现在查找范围内。

③ 下面"搜索选项"中勾选的选项会自动列于"查找内容"字段下方，表示查找时会以此作为规则

① 在此处先单击"更多"按钮，才会显示出下方的搜索选项

② 勾选"搜索选项"中的选项，此例为勾选"区分大小写"

图 11-17

11.2.5 快速转换半角与全角字符

在排版文件时，有时因为输入法设置的不同或不小心采用了不正确的输入模式，而使得文件中同时出现半角或全角字符。例如，Word（半角）、Ｗｏｒｄ（全角），或者出现全/半角混合的英文单词（如W ord），对于这种情况，我们可以使用"查找和替换"功能来修正。

　　按 Ctrl + H 快捷键打开"查找和替换"窗口后，取消勾选"区分全/半角"复选框，再执行"替换"命令，那么无论是半角、全角或全/半角混合的字符，都可以一起被替换，如图 11-18 所示。

图 11-18

11.2.6　使用通配符查找和替换

　　通配符用于 Word 在查找和替换时指定某一类内容。最常使用的通配符"?"可作为"任意单个字符"，如在"查找内容"中输入"P?I"，即可搜索出 PAI、PLI、PUI 等文字，它们中间包含任意字符。而通配符"*"则代表任意零个或多个字符，如要查找"C*T"时，就可能搜索到 CAT、CUT、COAT、COURT 等一系列文字，也就是以 C 开头且以 T 结尾的文字都会被查找出来。若要用通配符搜索数字，则可以使用"#"，如要查找"5#"，则 51、58、50 等都符合条件。

　　要使用通配符进行查找和替换，先在"查找和替换"窗口中勾选"使用通配符"复选框，再到"查找内容"中输入查找语法（含有通配符的搜索语法），具体步骤如图 11-19 所示。

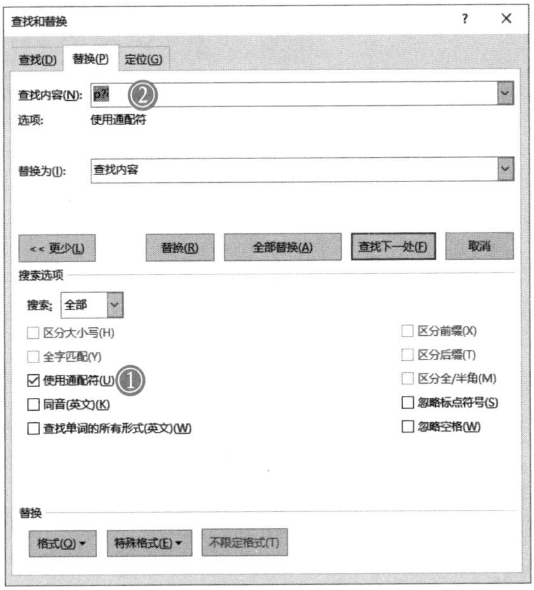

图 11-19

11.3　以"特殊格式"进行替换

在进行查找和替换时，也可以使用"特殊格式"，如多余的段落标记、多余的空白区域、任意字符、任意数字、任意字母、分节符、分栏符等，都可以在"特殊格式"下拉按钮中找到，如图 11-20 所示。

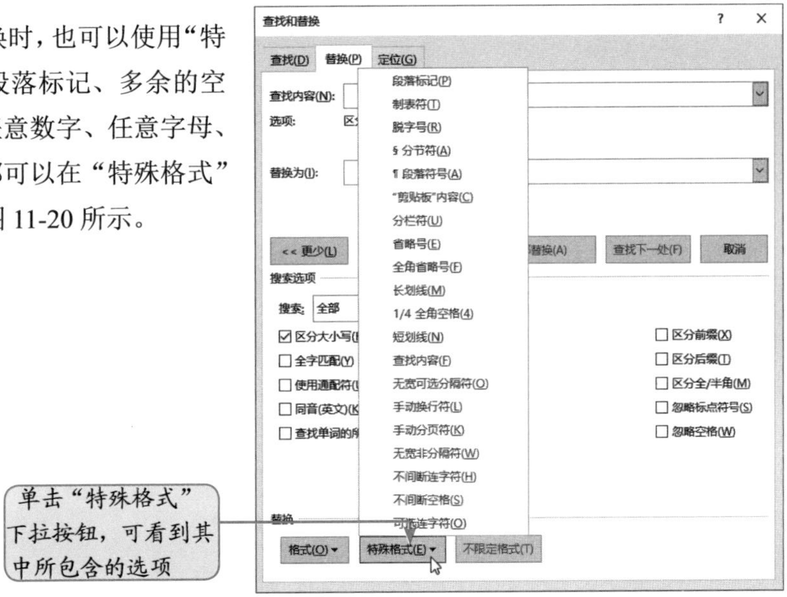

单击"特殊格式"下拉按钮，可看到其中所包含的选项

图 11-20

11.3.1 删除段落之间的空白段落

本书教大家应用样式时，花了许多时间来删除两个段落之间的空白段落。如果大家会使用"特殊格式"功能来删除多余的段落标记，就可以省去很多按 Delete 键的重复操作。下面实例的具体操作步骤如图 11-21~ 图 11-25 所示。

① 打开文件后，按 Ctrl + H 快捷键，显示出 "查找和替换" 窗口

原作者在段落之间加了空白段落

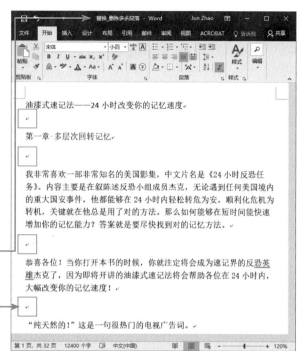

图 11-21

② 单击 "查找内容" 字段

③ 单击 "特殊格式" 下拉按钮，并选择 "段落标记" 选项两次，使字段中显示 "查找内容" 字段中的段落标记

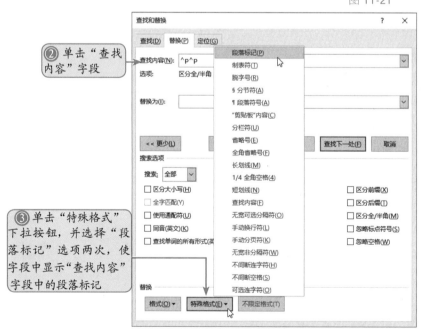

图 11-22

图 11-23　　　　　　　　　　　　　　　　　　　图 11-24

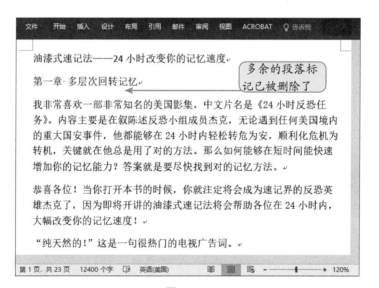

图 11-25

11.3.2　删除文件中所有的图形

　　想要删除文件中所有的图形，也可以通过"特殊格式"来实现。只要在"查找内容"字段中选择"特殊格式"下的"图形"选项，而使"替换为"字段保留空白，就可以将文件中的所有图形一次性删除，具体步骤如图 11-26 所示。

图 11-26

11.4　查找和替换格式

　　Word 的查找和替换功能也可以对"格式"进行查找与替换，单击"格式"按钮，可看到列表中包含字体、段落、制表位、语言、图文框、样式、突出显示等选项，如图 11-27 所示。

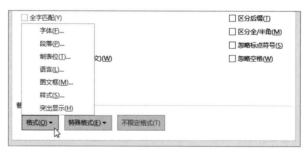

图 11-27

　　用户可以使用"格式"下拉按钮对应的下拉列表中所提供的各项功能来进行目标内容和替换格式的设置。

11.4.1　替换与更改字体格式

　　打开"替换_格式.docx"文件，使用"开始"选项卡中的"替换"功能，把"标题1"样式的红色宋体字体变成绿色的方正舒体字体，具体步骤如图 11-28~ 图 11-34 所示。

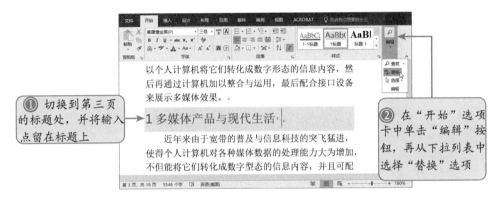

图 11-28

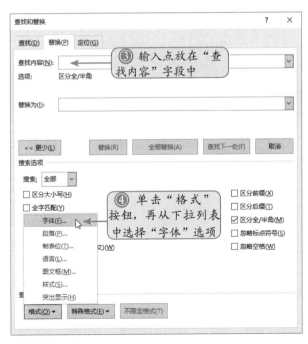

图 11-29

图 11-30

图 11-31

图 11-32

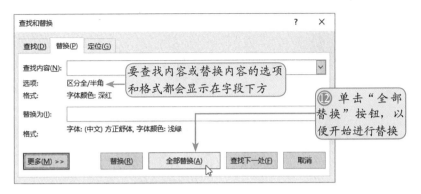

图 11-33

后再通过计算机加以整合与运用，最后配合接口设备
来展示多媒体效果。

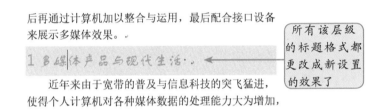

图 11-34

取消原先的格式设置

在做过格式的查找和替换之后，在"查找和替换"窗口中的"查找内容"与"替换为"
字段的下方都会保留上次设置的格式，建议大家在进行其他的查找与替换工作之前，先
单击下方的"不限定格式"按钮，分别删除"查找内容"与"替换为"的格式设置，这
样才不会妨碍新的查找和替换工作。

11.4.2 替换与更改图片的对齐方式

对于图片对齐的更改，也可以通过查找和替换的功能来实现。这里示范的是将文件中
的图片由原先的左对齐方式更改为居中对齐方式。我们延续先前的文件进行设置，先单击
文件中的图片（见图 11-35），再单击"开始"选项卡中的"替换"按钮。

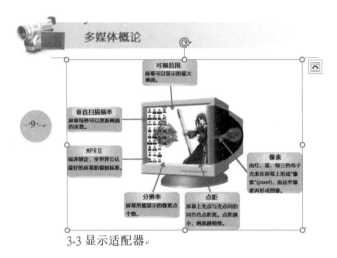

图 11-35

进入"查找和替换"主、窗口后，先单击"不限定格式"按钮删除"查找内容"与"替换为"字段之前的格式设置。接着将鼠标指针放在"查找内容"字段中，单击"特殊格式"按钮，从下拉列表中选择"图形"选项，使字段显示"^g"的标记，具体步骤如图11-36所示。

图 11-36

将鼠标指针放在"替换为"字段中，再单击"格式"按钮，从下拉列表中选择"段落"选项，如图 11-37 所示，进入"替换段落"窗口后，在"缩进和间距"选项卡中，将"对齐方式"更改为"居中"，最后单击"确定"按钮，具体步骤如图 11-38 所示。

图 11-37

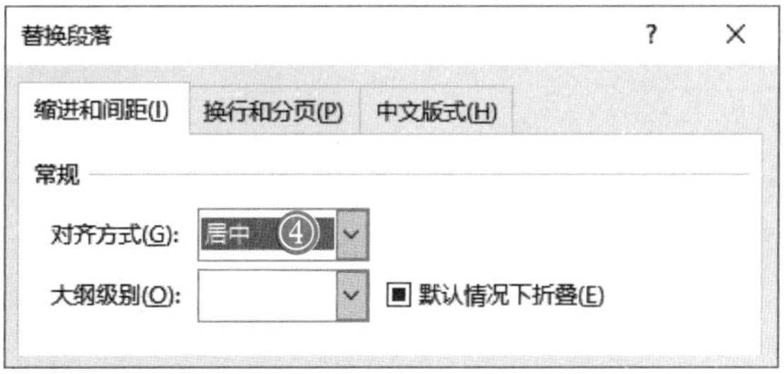

图 11-38

此时窗口会显现如图 11-39 所示的设置格式，当单击"全部替换"按钮后，就可以看到文件中的图片全部更改为居中对齐了。

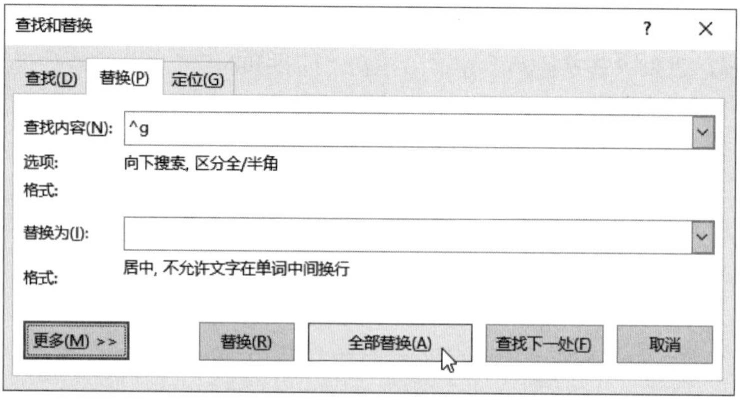

图 11-39

学习完这一章，相信大家对查找和替换的使用有了更深一层的认知，善用这个工具，修正编辑和排版错误会取得良好的排版效果。

第12章 ← Chapter 12

打印输出与文件保护

当排版的文件都已编排完成，也已校对完毕，最后的工作就是打印、输出，或者将文件转换成电子书的格式。另外，也需要对排好的文件加以保护，让我们辛苦编写的内容不能轻易让其他人在未经授权的情况下随意编辑使用，如图 12-1 所示。

图 12-1

12.1　少量打印文件

在大多数情况下，Word 可以让个人、学校、公司、机关等将文件打印出来，以便在讨论的场合或正式会议中使用。想要打印文件，只要在打开文件后，在"文件"选项卡中选择"打印"命令，随后就会在右侧看到打印相关功能的设置。通常要指定打印的份数，确定"设置"处显示"打印所有页"，再单击"打印"按钮就会开始打印整份文件，打印机正常的话会将文件中的所有页面都打印出来，具体步骤如图 12-2 所示。

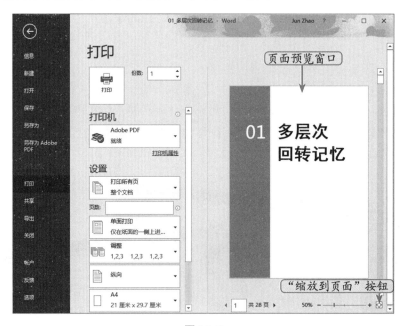

图 12-2

调整页面预览窗口的大小

在打印文件时，如果发现右侧的页面预览窗口显示不完全，而影响页面的预览，可以单击右下角的"缩放到页面" 按钮，让页面的大小自动显示最恰当的比例。

12.1.1　打印当前的页面

有时候因为打印机夹纸，或者因故只需要打印某一特定的页面，可先从预览窗口切换到想要打印的页面。单击"设置"按钮（默认显示"打印所有页"），从下拉列表中选择"打印当前页面"选项，之后在单击"打印"按钮时就会只打印当前的指定页面，具体步骤如图 12-3 所示。

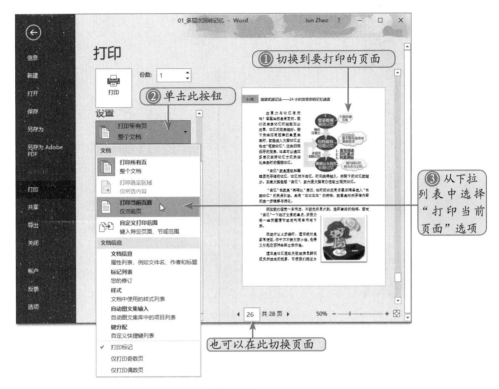

图 12-3

12.1.2　指定多页面的打印

除打印所有页面或打印当前页面外，有时在二校时，可能只打印修改过的页面。要指定多个页面进行打印，可单击"设置"按钮，再从下拉列表中选择"自定义打印范围"选项，这样就可以在"页数"字段中输入特定页码或页码范围，具体步骤如图 12-4 所示。

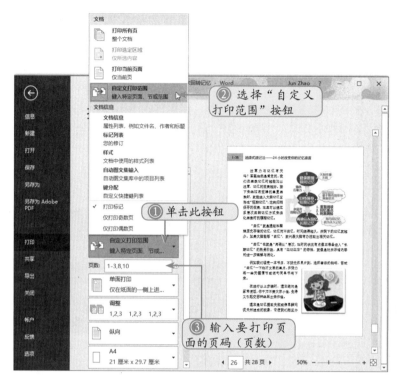

图 12-4

输入的页码可以是连续的或不连续的，这里简要说明一下页码标记的方式。

- 打印连续的多个页面：可使用"-"符号来表示，例如打印第 1~3 页，可输入"1-3"。
- 打印不连续的页面：可使用逗号","来表示，例如打印第 8 页和第 10 页，可输入"8,10"。
- 同时打印包含连续和不连续的页面：如果输入"1-3,8,10"，就表示打印第 1~3 页，以及第 8 页和第 10 页。

打印包含小节的页面

如果文件中设置了分节，那么可以使用 P 表示页码，S 表示节。例如 P1S2 表示打印第 2 节的第 1 页，P1S2-P8S2 表示打印第 2 节的第 1~8 页。

12.1.3 只打印选定区域

打印时，除以页为单位外，也可以使用鼠标选择要打印的范围，在"文件"选项卡中选择"打印"命令，再从"设置"下拉列表中选择"打印选定区域"选项，单击"打印"按钮之后就会只打印选定的内容，具体步骤如图 12-5 所示。

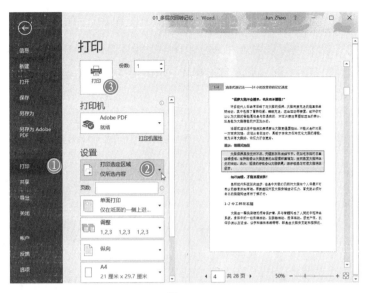

图 12-5

12.1.4 单页纸张打印多页内容

在默认情况下，每一张纸只会打印一页内容，有时因为要节省纸张，或者因为特殊需求，也可以在一张纸上打印多页内容。在"设置"功能区的最下方单击"每版打印 1 页"下拉按钮，从下拉列表中选择在每一张纸上要打印的页面数量，如图 12-6 所示。

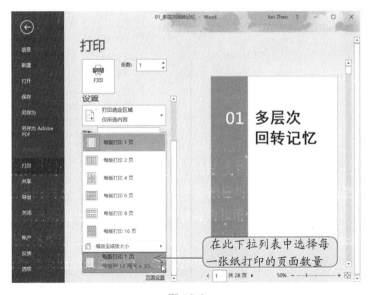

图 12-6

12.1.5 手动双面打印

　　使用 Word 打印功能也可以按照书籍方式打印文件页面。在"文件"选项卡中选择"打印"命令后，可在"打印"窗口下方直接单击"页面设置"链接进入"页面设置"窗口，之后在"页间距"选项卡中单击"多页"，再从下拉列表中选择"书籍折页"选项，单击"确定"按钮回到"打印"窗口，再单击"单面打印"处，从下拉列表中选择"手动双面打印"选项，最后单击"打印"按钮进行打印即可，具体步骤如图 12-7~ 图 12-9 所示。

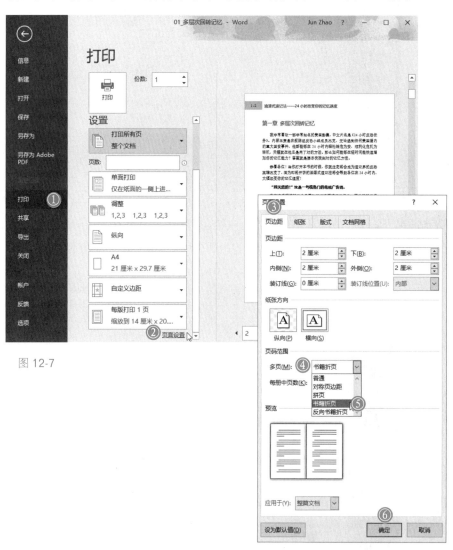

图 12-7

图 12-8

图 12-9

12.2 印刷输出

前面介绍的是个人小量的打印方式，如果想要将排版后的文件大量印刷，那么可以将文件转换成适合印刷的文件格式。

12.2.1 导出成 PDF 格式

PDF（Portable Document Format）是 Adobe 公司开发的一种便携式文件格式，可在任何操作系统上完整呈现并交换的电子文件格式。每份 PDF 文件中可以包含文字、字体、图形、排版样式以及所需显示的相关信息，能支持多种语言，而且无论是采用哪种软件编辑，PDF 格式都可以保存文件的原始风貌。目前在学术界、排版行业或高科技领域都以 PDF 文件作为存放信息的主流文件格式之一。

要将文件导出成 PDF 格式，可在"文件"选项卡中选择"导出"命令，接着单击"创建 PDF/XPS 文档"选项，再单击"创建 PDF/XPS"按钮，在打开的"发布为 PDF 或 XPS"窗口中确认文件名，再单击"发布"按钮即可导出 PDF 文件，如图 12-10 和图 12-11 所示。

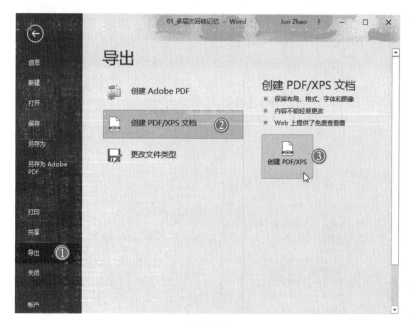

图 12-10

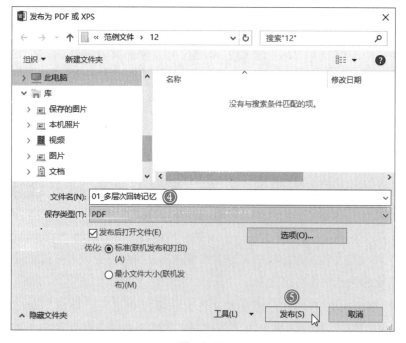

图 12-11

说明

PDF 文件选项的设置

导出 Word 文件成为 PDF 文件时，如果想指定页面的范围，想将标题创建成书签，或者
将文件加密处理，可在下方单击"选项"按钮，再进行选项的设置。

除使用"文件"选项卡中的"导出"命令来制作 PDF 文件外，选择"另存为"命令，
也能在"保存类型"中找到 PDF 格式，如图 12-12 所示。

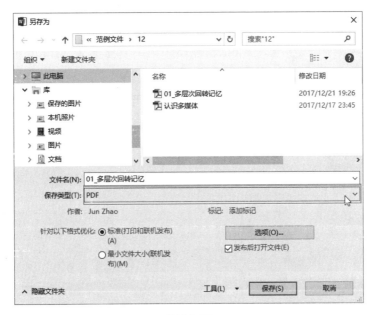

图 12-12

12.2.2 Word 文件输出成 PRN 格式

PRN 文件其实是打印机语言文件，类似于 PostScript（PS）文件，这种格式可以包含图像、
文字、图表、表格以及要打印的内容。在目前的计算机没有接到打印机的情况下，把 PRN
文件复制到其他连接打印机的计算机上，就可以将文件打印输出。

要将 Word 文件转换成 PRN 文件，可在"文件"选项卡中选择"打印"命令，接着单击"打
印机"下面的下拉按钮，从下拉列表中选择"打印到文件"选项，单击"打印"按钮，在"打
印到文件"窗口中输入文件名，最后单击"确定"按钮，这样就能完成打印机文件的输出。
之后只要将文件复制到其他安装了打印机的计算机中，即可直接打印，具体步骤如图 12-13
和图 12-14 所示。

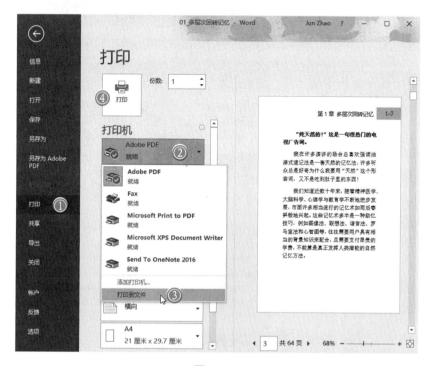

图 12-13

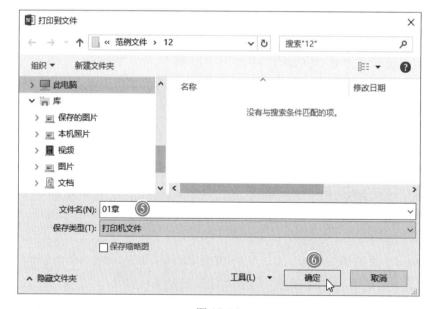

图 12-14

12.3　文件保护

文件制作完成后，需要分享给朋友时，可以使用一些简易的保护功能，以使文件不被他人任意修改。对于一些重要或需要保密的文件，不希望让不相干的人随意打开，Word 也提供了加密功能来保护，编辑者可以根据需要来选择适合的文件保护方式。如果要为文件设置密码，也记得保留一份没有加密的文件，否则连自己都忘记了密码，那么文件就完全无法打开了。

12.3.1　将文件标记为终稿

将文件标记为终稿就是要让读者知道此文件已完成，同时将文件设置为只读，特点是文件的标题栏上会出现"只读"的消息正文，如图 12-15 所示。

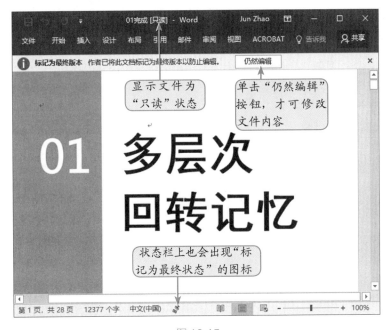

图 12-15

要将文件标记为完稿，在打开文件后，从"文件"选项卡中选择"信息"命令，在右侧单击"保护文档"按钮，再从下拉列表中选择"标记为最终状态"选项，此时会出现警告窗口，告知此文件必须先标记为终稿才能保存，单击"确定"按钮，接着就会告知文件已标记为最终状态，同时禁止输入、编辑命令和校对标记等功能，最后单击"确定"按钮离开即可，具体步骤如图 12-16~ 图 12-18 所示。

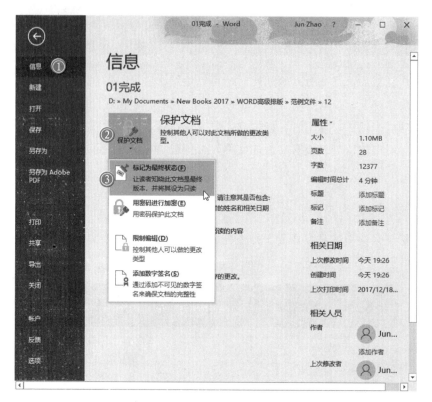

图 12-16

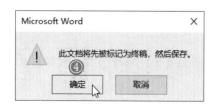

图 12-17

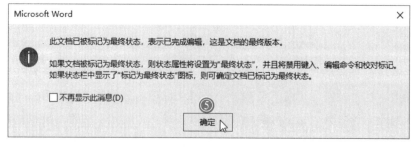

图 12-18

取消文件标记为终稿的设置

若文件已标记为终稿，要取消终稿的标记，可在"文件"选项卡中选择"信息"命令，再次单击"保护文档"按钮下的"标记为最终状态"选项。

12.3.2　用密码加密文件

用密码加密文件就是在打开文件时必须输入正确的密码，所以只有知道密码的人才能看到文件的内容，如此一来就能够保护重要文件不被外人随意窃取。

要设置加密文件，可从"文件"选项卡中选择"信息"选项，接着单击"保护文档"按钮，并从下拉列表中选择"用密码进行加密"选项，在弹出的窗口中输入密码后，再重新输入密码一次，完成加密操作，最后别忘记保存文件，具体步骤如图 12-19~ 图 12-21 所示。

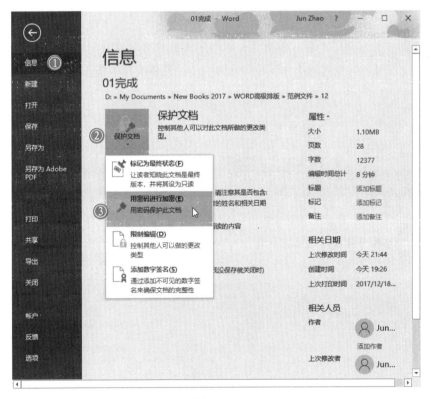

图 12-19

文件加密并保存后，下次打开文件时会要求输入密码，如图 12-22 所示。输入成功才能打开文件，反之则不会打开文件。

图 12-20　　　　　　　　　　图 12-21　　　　　　　　　　图 12-22

12.3.3　清除文件密码的设置

已进行加密处理的文件，如果想要取消加密功能，可在打开该加密文件后，在"文件"选项卡中选择"信息"命令，再单击"保护文档"按钮并选择"用密码进行加密"选项，在而后弹出的"加密文档"窗口中将"密码"字段中的密码删除，退出该窗口后再次保存文件，这样下次打开文件时就不需要再输入密码了，具体步骤如图 12-23 和图 12-24 所示。

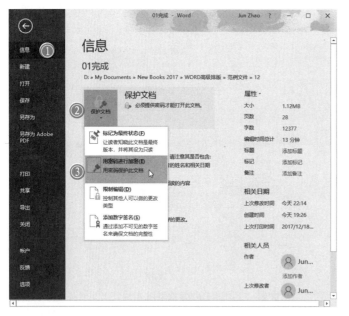

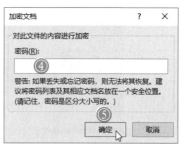

图 12-23　　　　　　　　　　　　　图 12-24

第13章 ← Chapter 13

利用 ChatGPT 协助 Word 高效排版

2022 年 11 月以来最热门的话题绝对离不开 ChatGPT，ChatGPT 引爆生成式 AI 革命，首当其冲的是网络营销。目前网络和社区对 ChatGPT 的讨论已经热火朝天。ChatGPT 是由 OpenAI 公司开发的一款基于生成式 AI 的聊天机器人，拥有强大的自然语言生成能力，可以根据上下文进行对话，并应用于多个领域，包括客户服务、销售、产品营销等。ChatGPT 在推出后短短两个月，全球的用户数量就超过 1 亿，甚至超过了抖音的用户量。ChatGPT 流行的版本是 3.5，而 ChatGPT 4.0 是 OpenAI 公司新开发的版本，这项 AI 聊天技术建立在深度学习和自然语言处理技术的基础上。

由于 ChatGPT 是基于开放式网络的大量数据训练出来的 AI 聊天产品，因此它能够产生高度精确、自然流畅的对话响应，可与人进行"自如"的交流。图 13-1 是一款基于 ChatGPT 的聊天 App。

图 13-1

ChatGPT 能

和人类以一般人的对话方式与使用者互动，例如提供建议、写作辅助、写程序、写文章、写信、写论文、写剧本、写小说等，而且所回答的内容具有一定的连贯性和逻辑性。

ChatGPT 除能够提供各种问题的建议外，还可以协助完成作业或编写程序代码。图 13-2 和图 13-3 是 ChatGPT 回答我们提问的示例。

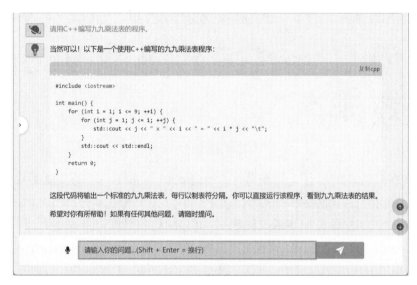

图 13-2

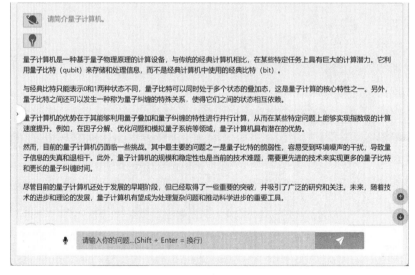

图 13-3

ChatGPT 的使用取决于人类的使用心态。正确地使用 ChatGPT 可以创造不同的可能性。例如，有些广告主可能认为使用 AI 工具帮助客户进行网络营销企划类似于"偷懒敷衍"，但实际上并非如此。相反，应该将其视为创造内容过程中的助手，甚至可以使营销团队的工作流程更加顺畅，达到事半功倍的效果。

ChatGPT 之所以强大，是因为它背后拥有庞大的数据库。任何与生活中的吃、穿、住、行、教育、娱乐等方面相关的问题或学科，都可以向 ChatGPT 提问，并得到类似于人类写作的准确或到位的回答。与 ChatGPT 的互动是一个双向学习的过程，用户在获取所需信息的过程中，ChatGPT 也在不断吸收和学习。

ChatGPT 的用途非常广泛多元。根据报道，许多电商网络上的店家和品牌已经纷纷转向 ChatGPT。它可以帮助店家或品牌为其产品生成吸引人的标题，并寻找宣传方法，从而与广大的目标受众产生共鸣，提高客户的参与度和目标客户的转化率。

13.1　认识聊天机器人

人工智能营销一直是商家寻求扩大影响力和与客户互动的强大工具。过去，企业为了与消费者互动，需要聘请专人全天候在电话或通信平台前待命，这不仅耗费人力成本，而且无法接待庞大数量的客户和妥善处理大量的客户信息。而聊天机器人（Chatbot）则是目前许多商家客服部门的创意新玩法。聊天机器人的核心技术主要是基于自然语言处理（Natural Language Processing，NLP）的一种模型，采用生成式预训练转换器（Generative Pre-Trained Transformer，GPT）。它利用计算机模拟客服与客户进行对话，可以说是一种能够用对话或文字进行交谈的计算机程序，并让客户体验到与真人对话的感觉。

聊天机器人能够全天候提供实时服务，并根据设定的流程来达到所需的目的。它可以协助企业轻松获取第一手消费者偏好信息，有助于公司实现精准营销，增强客户体验和个性化服务。对于有许多粉丝的经营者或希望增加客户的营销人员来说，聊天机器人非常适用，如图 13-4 所示。

图 13-4

说明

计算机科学家通常将人类的语言称为自然语言（Natural Language），例如汉语、英语、日语、韩语、泰语等。这也使得自然语言处理的应用范围非常广泛。自然语言处理旨在让计算机具备理解人类语言的能力，通过大量的文本数据和音频数据，结合复杂的数学、声学模型（Acoustic Model）和算法，使机器能够认知、理解、分类和应用人类日常语言的技术。生成式预训练转换器是一种语言模型。它可以执行非常复杂的任务，根据输入的问题自动生成答案，并具有编写和调试计算机程序的能力。例如，它可以回答问题、生成文章和程序代码，或者翻译文章内容等。

聊天机器人的种类

例如以往商家进行营销时，通常需要付出很大的努力来获取用户的电子邮件，通过给用户发邮件来营销，这不仅耗费成本，而且邮件的开信率往往较低。然而，聊天机器人的应用方式多样化且效果明显，可以通过互动贴标的形式直观且便捷地收集消费者的第一手数据，直接帮助商家获取客户的信息，例如姓名、性别、年龄等允许公开的数据，从而驱动更具效力的消费者反馈。

聊天机器人共有两种主要类型：一种是以工作目的为导向，这类聊天机器人是一种专注执行一项功能的单一用途的程序。例如京东自动客服回复系统，就是一种简单的聊天机器人，如图 13-5 所示。

另一种是数据驱动的聊天机器人，具备预测性的回答能力，苹果公司的 Siri 就属于这种类型的聊天机器人。

在一些社交软件的粉丝专栏中，通常包含留言自动回复、聊天或私信互动等各种类型的机器人。事实上，这类具备自然语言对话功能的聊天机器人也可以利用自然语言处理方式进行创建。换句话说，聊天机器人是一种自动的问答系统，它会模仿人类的语言习惯，并能够与访客进行"正常的聊天"，就像人与人之间的

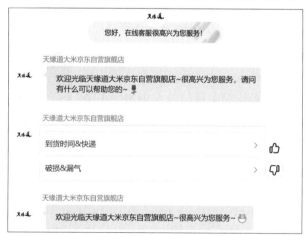

图 13-5

互动对话一样。通过自然语言处理的方式，聊天机器人可以根据访客输入的留言或私信以自动回复的方式与访客进行对话，这将成为企业丰富消费者体验的强大工具。

13.2　ChatGPT 以及类似聊天机器人的初体验

从技术角度来看，ChatGPT 是通过对从网络上获取的大量文本样本进行机器学习训练而得到的聊天机器人。与一般的聊天机器人相比，ChatGPT 具有丰富的知识库和强大的自然语言处理能力，使得它能够充分理解并自然地回应消息。无论你遇到什么问题，都可以向它提问。许多国外专家认为，ChatGPT 聊天机器人比苹果公司的 Siri 语音助理以及其他社交软件的助理更加聪明。当用户通过问答的方式与 ChatGPT 进行互动对话时，聊天机器人会根据用户的问题提供相应的回答，并不断提升这个聊天机器人自身的逻辑和智能。

国内目前不能直接使用 ChatGPT 或类似的语言模型，主要出于对审查制度、信息安全和个人隐私、技术挑战和监管的考虑。

ChatGPT 作为一个开放式语言模型，能够生成各种文本内容，包括敏感话题甚至违反我国法律法规的内容。因此，直接使用这类模型必然受到限制。此外，信息安全和个人隐私保护方面也存在风险。ChatGPT 需要大量的训练数据才能生成响应，而这些数据通常包含用户的输入和模型的输出。在国内，保护敏感信息和个人隐私至关重要。因此，对涉及大量用户数据的模型，国家必然会审慎考虑其对数据隐私和信息安全的潜在风险。

尽管无法直接使用 ChatGPT，不过国内有不少基于 ChatGPT 的中文智能对话 AI 聊天机器人平台，它可以让我们与 ChatGPT 进行对话，也可以根据网站预设的几十种常用聊天角色场景下达相应场景下的指令，让 ChatGPT 帮助我们完成相应的工作任务。这类聊天机器人平台加了过滤程序，会过滤掉不合规和不合法的内容。本书就是使用这类平台，虽然是与 ChatGPT 对话，其实是间接的且合规的。

目前，ChatGPT 可以识别汉语、英语、日语、西班牙语等多种语言，并以人性化的方式回答各种问题。这些问题甚至涵盖各种专业技术领域或学科的问题，可以说是一本样样精通的百科全书。然而，值得注意的是，ChatGPT 的数据源并非 100% 准确，在使用 ChatGPT 时所得到的回答可能会有一定的错误。为了获得更准确的答案，使用 ChatGPT 回答问题时应避免使用模糊的词语或缩写。"问对问题"不仅可以帮助用户获得更好的回答，也可以帮助 ChatGPT 不断改进和优化。人工智能工具的魅力在于它的学习能力和适应性，尤其现在的 ChatGPT 版本已经能够积累和存储学习记录。记住，与 ChatGPT 进行最佳互动的关键是提出清晰具体的问题。如果需要深入了解更多内容，除提供足够的信息外，还应提供足够的细节和上下文。

总而言之，我们应该将 ChatGPT 以及类似的聊天机器人作为辅助工具使用，不要迷信它们，也不要将它们的回答视为标准答案。否则，我们就可能变成被工具奴役的人，无法辨别真正的是非和曲直。原因很简单，目前任何一种聊天机器人，无论多么智能，都只是人类综合知识的"复读机"，它们给出的答案最终仍需由人类来裁判和判断。

下面来测试一下 ChatGPT 识别不同语言的能力，图 13-6 是让 ChatGPT 用英语介绍自己。

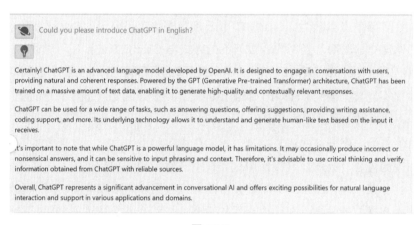

图 13-6

接着让 ChatGPT 把刚才这段介绍翻译成中文，如图 13-7 所示。

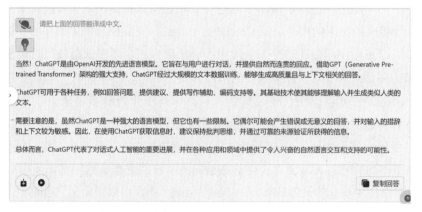

图 13-7

更换与聊天机器人所聊的话题

我们可以通过这种问与答的方式持续地和 ChatGPT 对话。如果想要结束当前的话题，可以单击"新会话"按钮，如图 13-8 所示。ChatGPT 就会重新回到起始界面，并开始一个新话题的聊天。这个时候输入与之前聊天的同一个话题，得到的回答可能不完全相同，有所差异。

图 13-8

我们输入"请用 C++ 编写九九乘法表的程序。"作为聊天发起的话题，按 Enter 键向 ChatGPT 机器人询问，得到的程序代码基本和图 13-2 中的程序代码是相同的，不过后面关于程序代码的中文说明则不同了，如图 13-9 所示。

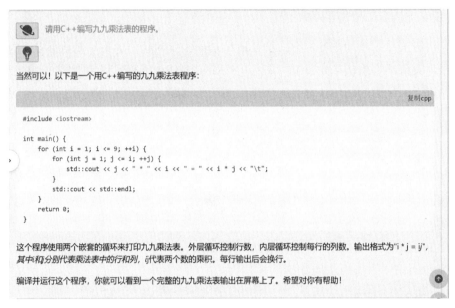

图 13-9

如果想要获取这段程序代码，可以单击聊天机器人回答窗口右上角的"复制cpp"按钮（见图 13-9 中的方框），将 ChatGPT 帮忙编写的程序复制下来，而后粘贴到 Dev-C++ 这个集成开发环境（Integrated Development Environment，IDE）中，如图 13-10 所示。

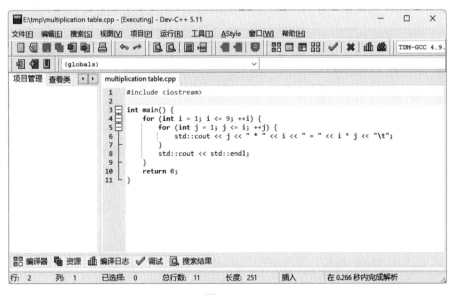

图 13-10

该程序的运行结果如图 13-11 所示。

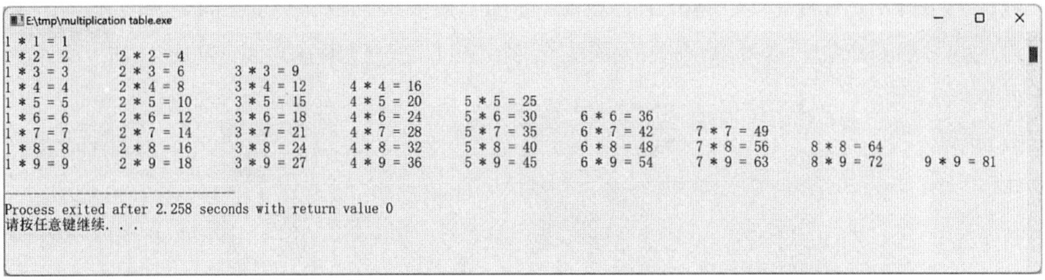

```
E:\tmp\multiplication table.exe
1 * 1 = 1
1 * 2 = 2        2 * 2 = 4
1 * 3 = 3        2 * 3 = 6        3 * 3 = 9
1 * 4 = 4        2 * 4 = 8        3 * 4 = 12       4 * 4 = 16
1 * 5 = 5        2 * 5 = 10       3 * 5 = 15       4 * 5 = 20       5 * 5 = 25
1 * 6 = 6        2 * 6 = 12       3 * 6 = 18       4 * 6 = 24       5 * 6 = 30       6 * 6 = 36
1 * 7 = 7        2 * 7 = 14       3 * 7 = 21       4 * 7 = 28       5 * 7 = 35       6 * 7 = 42       7 * 7 = 49
1 * 8 = 8        2 * 8 = 16       3 * 8 = 24       4 * 8 = 32       5 * 8 = 40       6 * 8 = 48       7 * 8 = 56       8 * 8 = 64
1 * 9 = 9        2 * 9 = 18       3 * 9 = 27       4 * 9 = 36       5 * 9 = 45       6 * 9 = 54       7 * 9 = 63       8 * 9 = 72       9 * 9 = 81

Process exited after 2.258 seconds with return value 0
请按任意键继续. . .
```

图 13-11

13.3 认识 ChatGPT 的常见应用

ChatGPT 是各个领域科技的极致集成，它继承了几十年来信息科技的精华。以前只能在电影上想象的情节，现在几乎都实现了。在生成式人工智能（Artificial Intelligence，AI）蓬勃发展的阶段，ChatGPT 拥有强大的自然语言生成及学习能力，更具备强大的信息汇整功能。无论我们想到什么问题，都可以寻找 ChatGPT 中的适当工具来协助，将其融入自己的日常生活，并快速获得正确的解答。在当今社会，没有一家厂商会忽视数字营销的威力，特别是对于电商文案的撰写，ChatGPT 能够提供极大的帮助。它用于生成更多优质内容，提供在线客服、智能推荐、商品询价等服务，为品牌厂商的官网或社区媒体创造声量，成为众多媒体推广的利器。ChatGPT 正在以各种方式快速融入日常生活与数字营销领域，也逐渐让许多广告业主感受到追逐流量的压力，从而大幅提升营销效果和用户体验。以下是我们耳熟能详的应用范围。

13.3.1 AI 客服

营销界都知道，电商客服一直都是卖家心中的一个痛点。然而，ChatGPT 在客服行业具有巨大的应用潜力，品牌厂商可以利用 ChatGPT 开发聊天机器人（见图 13-12）。一些知名企业或品牌厂商的客服中心运营成本非常高，ChatGPT 可以充当自动客服机器人，回答常见的客户问题，并提供购买、退货和其他查询的服务，既节省成本又可以创造网络营销机会，以优化客户体验。它可以协助营销和客服人员提供更加自然和精准的回复，有效引导消费者完成购买流程，提高客户关系管理（Customer Relationship Management，CRM）的效率。此外，它还可以建立消费者数据库，有利于日后推送个性化广告和产品。

尽管 ChatGPT 可以成为有价值的附加工具，但不应将其完全视为定制客户服务的替代品。毕竟，与 ChatGPT 的客观理性冰冷回答相比，真实的人员服务能够展现同理心和贴心的态度，针对"顾客的需求"，这是 AI 客服无法完全取代真人的关键所在。

图 13-12

13.3.2 语言翻译

ChatGPT 可以帮助我们进行不同语言之间的翻译。对于跨境电商产业而言，这是一个需要大量人工翻译的领域。ChatGPT 可以应用于语言翻译和自动调整产品描述与说明，其正确率也比人们常用的 Google 翻译高出许多。这使得不同语言之间的沟通变得更加容易和顺畅，并且大大减少了翻译人力成本，为用户带来更好的阅读体验。

下面再来测试一下，假如我们要求 ChatGPT 用日语介绍中国，如图 13-13 所示。

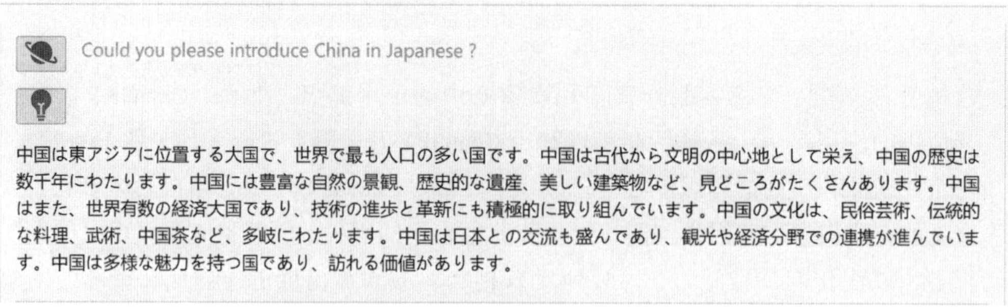

 Could you please introduce China in Japanese ?

中国は東アジアに位置する大国で、世界で最も人口の多い国です。中国は古代から文明の中心地として栄え、中国の歴史は数千年にわたります。中国には豊富な自然の景観、歴史的な遺産、美しい建築物など、見どころがたくさんあります。中国はまた、世界有数の経済大国であり、技術の進歩や革新にも積極的に取り組んでいます。中国の文化は、民俗芸術、伝統的な料理、武術、中国茶など、多岐にわたります。中国は日本との交流も盛んであり、観光や経済分野での連携が進んでいます。中国は多様な魅力を持つ国であり、訪れる価値があります。

图 13-13

接着我们只要输入类似于"请把上面的日语翻译成中文"的语句，ChatGPT 就会将刚才用日语回答的内容翻译成中文，如图 13-14 所示。

请把上面的日语翻译成中文。

中国是位于东亚的大国，也是世界上人口最多的国家。中国自古以来就是文明的中心，拥有数千年的历史。中国拥有丰富的自然景观、历史遗迹和美丽的建筑等许多值得一看的地方。中国也是世界上最大的经济体之一，积极致力于技术进步和创新。中国的文化非常多样，包括民间艺术、传统美食、武术、中国茶等。中国与日本的交流也非常活跃，在旅游和经济领域有着密切的合作。中国是一个拥有多种魅力的国家，值得一游。

图 13-14

13.3.3　营销内容创作

ChatGPT 在电子商务领域具有重要的应用价值。随着 AI 技术的提升，文字和视频的生成可以通过 AI 工具实现。由于网络营销渠道的不断增多，为了提高消费者体验，厂商需要对商品信息进行清晰明确的描述。因此，快速生成素材和文案的压力越来越大。ChatGPT 的核心应用是自然语言处理，它不仅可以用于写论文、剧本和小说，还可以应用于自动生成商品描述和产品介绍。尤其对于电商产业来说，文字内容基本上是主要的销售和营销方式。毕竟，我们难以直接面对当地的客户。因此，掌握 ChatGPT 可以大幅减轻厂商在网络营销活动中的文字工作量，并进一步提高电商平台的营收。

例如，产品描述是市场营销的重要组成部分。ChatGPT 可以根据客户的喜好、购买行为、兴趣、偏好和需求，帮助营销团队确定目标受众的偏好、兴趣和痛点。它能在不到 5 秒内生成更符合受众的产品文案，提高消费者的关注度。它甚至可以协助生成大量创意雏形，并提出对应的市场营销活动方案，撰写符合社区平台所需的贴文和视频脚本，有助于提高广告的点击率和转化率。此外，它还具备自动摘要的功能，可以将长文摘要出重点内容。

下面来看一个实际例子，我们输入"请以至少 600 字介绍 ChatGPT"，聊天机器人回应的结果如图 13-15 所示。

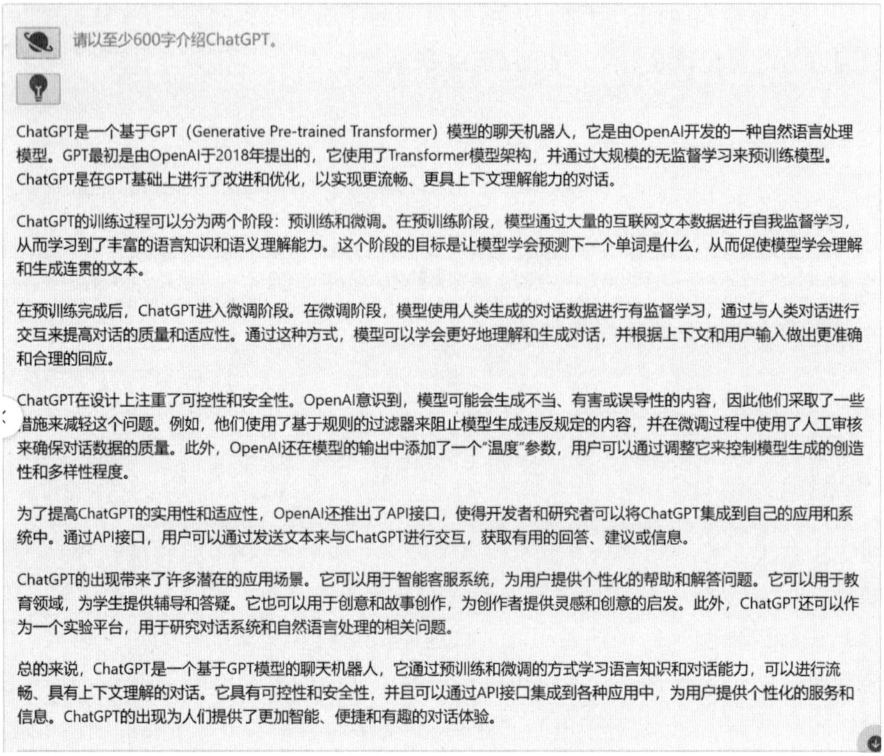
请以至少600字介绍ChatGPT。

ChatGPT是一个基于GPT（Generative Pre-trained Transformer）模型的聊天机器人，它是由OpenAI开发的一种自然语言处理模型。GPT最初是由OpenAI于2018年提出的，它使用了Transformer模型架构，并通过大规模的无监督学习来预训练模型。ChatGPT是在GPT基础上进行了改进和优化，以实现更流畅、更具上下文理解能力的对话。

ChatGPT的训练过程可以分为两个阶段：预训练和微调。在预训练阶段，模型通过大量的互联网文本数据进行自我监督学习，从而学习到了丰富的语言知识和语义理解能力。这个阶段的目标是让模型学会预测下一个单词是什么，从而促使模型学会理解和生成连贯的文本。

在预训练完成后，ChatGPT进入微调阶段。在微调阶段，模型使用人类生成的对话数据进行有监督学习，通过与人类对话进行交互来提高对话的质量和适应性。通过这种方式，模型可以学会更好地理解和生成对话，并根据上下文和用户输入做出更准确和合理的回应。

ChatGPT在设计上注重了可控性和安全性。OpenAI意识到，模型可能会生成不当、有害或误导性的内容，因此他们采取了一些措施来减轻这个问题。例如，他们使用了基于规则的过滤器来阻止模型生成违反规定的内容，并在微调过程中使用了人工审核来确保对话数据的质量。此外，OpenAI还在模型的输出中添加了一个"温度"参数，用户可以通过调整它来控制模型生成的创造性和多样性程度。

为了提高ChatGPT的实用性和适应性，OpenAI还推出了API接口，使得开发者和研究者可以将ChatGPT集成到自己的应用和系统中。通过API接口，用户可以通过发送文本来与ChatGPT进行交互，获取有用的回答、建议或信息。

ChatGPT的出现带来了许多潜在的应用场景。它可以用于智能客服系统，为用户提供个性化的帮助和解答问题。它可以用于教育领域，为学生提供辅导和答疑。它也可以用于创意和故事创作，为创作者提供灵感和创意的启发。此外，ChatGPT还可以作为一个实验平台，用于研究对话系统和自然语言处理的相关问题。

总的来说，ChatGPT是一个基于GPT模型的聊天机器人，它通过预训练和微调的方式学习语言知识和对话能力，可以进行流畅、具有上下文理解的对话。它具有可控性和安全性，并且可以通过API接口集成到各种应用中，为用户提供个性化的服务和信息。ChatGPT的出现为人们提供了更加智能、便捷和有趣的对话体验。

图 13-15

我们只要输入类似于"请从上面问题的回答内容中摘要 3 个重点"的内容，就会看到如图 13-16 所示的结果。

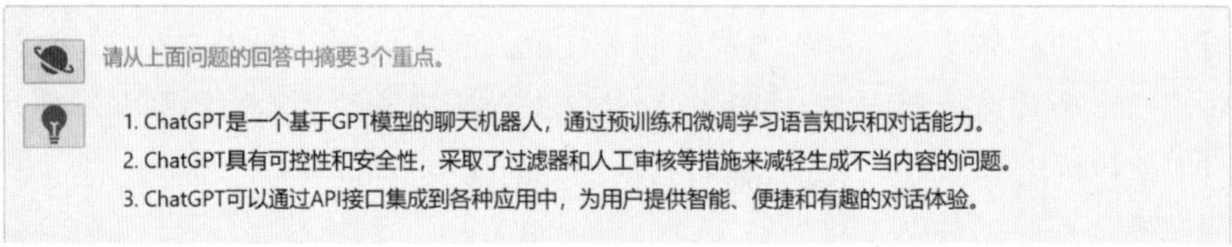
请从上面问题的回答中摘要3个重点。

1. ChatGPT是一个基于GPT模型的聊天机器人，通过预训练和微调学习语言知识和对话能力。
2. ChatGPT具有可控性和安全性，采取了过滤器和人工审核等措施来减轻生成不当内容的问题。
3. ChatGPT可以通过API接口集成到各种应用中，为用户提供智能、便捷和有趣的对话体验。

图 13-16

13.3.4 发广告邮件与官方电子报

电子邮件营销（Email Marketing）和电子报营销（Email Direct Marketing）的使用量正在持续增长。这两种营销手法成为许多企业常用的方法，因为费用相对较低，并且能够追踪效果，从而节省营销时间并提高成交率。ChatGPT 可以自动为商家生成电子邮件和电子报的回信内容。只需给 ChatGPT 下达指令，告知营销需求、推广对象、需要促销的产品以及预期目标，ChatGPT 就能自动生成符合特定情境的官方邮件和电子报。除提升品牌知名度外，还可以加强与消费者之间的联系。而当遭遇大量客诉信时，只需请求 ChatGPT 撰写一封针对关键问题的道歉信，它就能瞬间生成一封充满诚意、文情并茂的道歉信，及时减轻客服人员的压力。

下面我们请 ChatGPT 聊天机器人帮忙写一封新书商品推荐的官方电子邮件，新书的信息如下：

新版的《图解数据结构 使用C》《图解数据结构 使用C#》《图解数据结构 使用C++》《图解数据结构 使用 Java》《图解数据结构 使用 Python》《图解数据结构 使用 JavaScript》（视频教学版）共 6 本已全部出齐。这套书涵盖 6 种编程语言，它们的特点在于作者以清晰且严谨的文字描述数据结构的原理和算法，并以具体的图解方式阐述每个算法及其对应的数据结构，旨在降低学习这门课程的难度，让读者或学生更好地理解数据结构的精髓。

出版社：清华大学出版社。

责任编辑：睿而不酷。

我们发出的提示问题是"请帮忙写一封新书推荐的官方电子邮件，新书的信息如下："，而后把上面的新书信息贴在下面。

ChatGPT 的回答界面如图 13-17 所示。

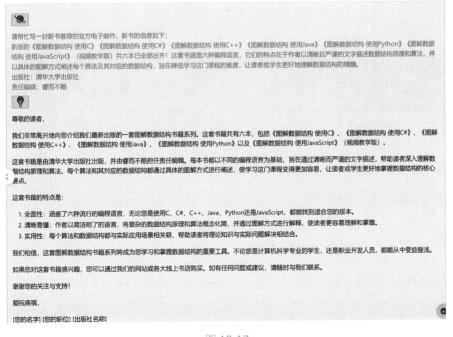

图 13-17

从生成的这份电子邮件的内容来看,我们只需要稍加修改就可以使用了,非常省时省力。

13.4 活用 ChatGPT 撰写 Word 文案 ◄◄◄

本节将介绍如何使用 ChatGPT 来提炼产品特点、关键词与标题,并撰写微信、头条号、抖音短视频文案,以及如何使用 ChatGPT 来进行创意营销策划。我们将提供一些有用的技巧和建议,以帮助你更好地利用 ChatGPT 来协助制定营销策略。

首先,在向客户提案之前,建议先准备 6 个创意。用户可以将一些关键词输入 ChatGPT,然后从生成的文本中挑选出合适的意见进行修改、增删。然而,记住,ChatGPT 只是一个人工智能模型,生成的内容不可能完全符合我们的营销思维,也不可能提供完整的答案,有时甚至可能生成不靠谱的内容,因此我们需要谨慎甄别并进行人工修正。

在使用 ChatGPT 提炼产品特点、关键词与标题时,可以尝试以下步骤:

(1)输入产品相关的描述、功能和特点,让 ChatGPT 生成一些潜在的关键词和标题。

(2)从生成的内容中筛选出最相关和吸引人的关键词和标题,并进行适当的修改和调整,以确保它们符合你的营销需求。

当撰写微信、头条号、抖音短视频文案时,可以考虑以下建议:

(1)为每个平台搭配适合的文案风格和格式。由于微信、头条号和抖音的用户群体和使用环境不同,因此需要根据平台特点进行文案的调整。

(2)保持简洁明了,用简短的语言表达核心信息,吸引用户的注意力。

(3)强调产品的独特卖点和价值,让用户了解为什么选择你的产品。

(4)使用吸引人的标题和插图,以吸引用户点击和观看。

最后,当使用 ChatGPT 进行创意营销策划时,记住以下几点:

(1)ChatGPT 可以提供一些创意和灵感,但仍需要人工判断和修正。

(2)让 ChatGPT 生成的创意与你的目标受众和品牌形象保持一致。

(3)结合 ChatGPT 的创意与其他市场营销工具和策略形成一个完整的计划。

13.4.1 利用 ChatGPT 提炼产品特点、关键词与标题

在现代商业社会,创新和营销是推动业务增长的核心。如何让你的产品在竞争激烈的

市场中脱颖而出，是每个企业都面临的挑战。ChatGPT 作为一个智能的创意辅助工具，可以帮助你发掘产品特点、关键词和标题，提高营销效果。接下来将介绍如何利用 ChatGPT 来挖掘产品卖点的关键词，推荐适合的营销文案标题，并提供一些有用的技巧和建议，以提升产品的吸引力，促进销售量增长。

1. 请 ChatGPT 帮忙提炼产品的特点

提问：《图解数据结构 使用 C++》一书的特点。

提交后，ChatGPT 回答的结果如图 13-18 所示。

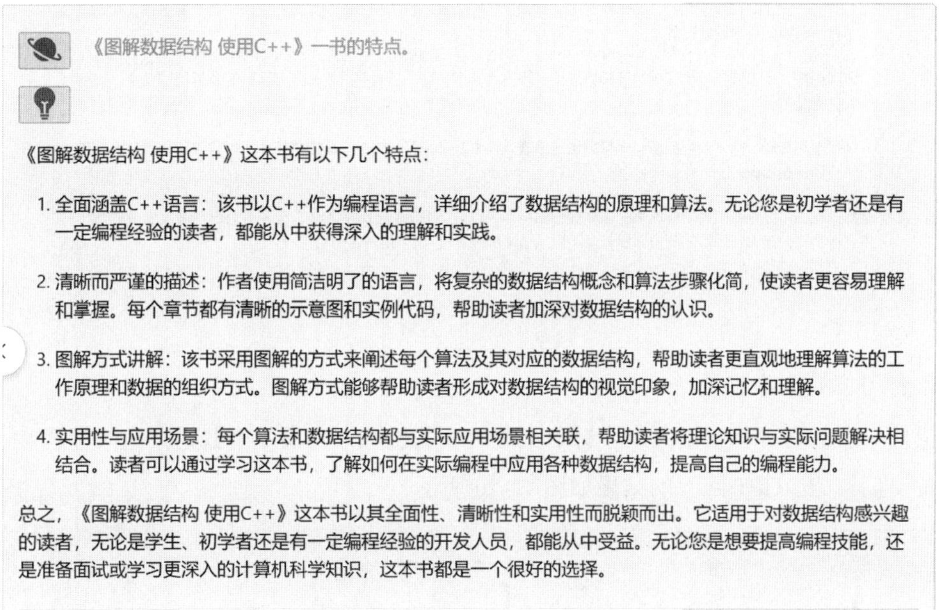

《图解数据结构 使用C++》一书的特点。

《图解数据结构 使用C++》这本书有以下几个特点：

1. 全面涵盖C++语言：该书以C++作为编程语言，详细介绍了数据结构的原理和算法。无论您是初学者还是有一定编程经验的读者，都能从中获得深入的理解和实践。

2. 清晰而严谨的描述：作者使用简洁明了的语言，将复杂的数据结构概念和算法步骤化简，使读者更容易理解和掌握。每个章节都有清晰的示意图和实例代码，帮助读者加深对数据结构的认识。

3. 图解方式讲解：该书采用图解的方式来阐述每个算法及其对应的数据结构，帮助读者更直观地理解算法的工作原理和数据的组织方式。图解方式能够帮助读者形成对数据结构的视觉印象，加深记忆和理解。

4. 实用性与应用场景：每个算法和数据结构都与实际应用场景相关联，帮助读者将理论知识与实际问题解决相结合。读者可以通过学习这本书，了解如何在实际编程中应用各种数据结构，提高自己的编程能力。

总之，《图解数据结构 使用C++》这本书以其全面性、清晰性和实用性而脱颖而出。它适用于对数据结构感兴趣的读者，无论是学生、初学者还是有一定编程经验的开发人员，都能从中受益。无论您是想要提高编程技能，还是准备面试或学习更深入的计算机科学知识，这本书都是一个很好的选择。

图 13-18

2. 找出关键词

提问：关于《图解数据结构 使用 C++》一书的几个关键词。

提交后，ChatGPT 回答的结果如图 13-19 所示。

关于《图解数据结构 使用C++》一书介绍的几个关键词。

《图解数据结构 使用C++》一书的几个关键词包括：

1. 数据结构：该书主要介绍了各种数据结构，如链表、栈、队列、树、图等，以及它们的应用和实现方式。

2. C++：作为编程语言，C++是该书的主要使用语言，读者可以学习如何在C++环境下实现和应用各种数据结构。

3. 图解：该书采用图解方式来解释数据结构的原理和算法，通过图示和示例代码帮助读者更好地理解和应用数据结构。

4. 算法：除了介绍数据结构，该书还涵盖了与数据结构相关的各种算法，例如排序算法、搜索算法等，帮助读者学习如何有效地处理数据。

5. 实用性：该书强调每个数据结构和算法的实际应用场景，帮助读者将理论知识与实际问题解决相结合，提高编程能力。

6. 原理和实现：除了介绍数据结构和算法的原理，该书还提供了具体的实现方式和示例代码，帮助读者理解和应用这些知识。

这些关键词可以帮助读者了解该书的主要内容和特点，以及适合的目标读者群体。无论是计算机科学专业的学生，还是有一定编程经验的开发人员，都可以从该书中获得实用的知识和技巧。

图 13-19

3. 推荐营销文案标题

提问：我想写一篇营销文案，针对上述几个关键词，列出 5 个营销文案的标题。

提交后，ChatGPT 回答的结果如图 13-20 所示。

我想写一篇营销文案，针对上述几个关键词，列出5个营销文案的标题。

当然，我可以帮您列出5个针对《图解数据结构 使用C++》这本书的营销文案标题。请注意，这只是标题的初步构想，您可以根据您的具体需求进行修改和定制。下面是5个可能的标题：

1. 掌握数据结构的关键步骤：图解C++编程实践

2. 数据结构学习的秘诀揭密：用C++轻松理解算法原理

3. 数据结构与C++的完美融合：图解带你深入探索

4. 加速学习曲线：用图解方式掌握C++数据结构

5. C++编程必备利器：图解数据结构让你事半功倍

这些标题旨在突出《图解数据结构 使用C++》这本书的特点和优势，吸引读者的兴趣，并传达出学习数据结构和C++编程的价值。您可以根据您的目标受众和营销策略进行选择和修改。希望这些标题能给您带来灵感，并为您的营销文案提供一些方向。

图 13-20

13.4.2 撰写微信网络营销文案

提问：请针对《图解数据结构 使用 C++》一书，以"加速学习曲线：用图解方式掌握 C++ 数据结构"为标题写一篇适合微信平台的网络营销文案。

字数：200 字以内。

广告目标：吸引需要学习数据结构并以 C++ 编写优雅代码的编程学习者。

文案风格：专业。

提交后，ChatGPT 回答的结果如图 13-21 所示。

请针对《图解数据结构 使用C++》一书，以"加速学习曲线：用图解方式掌握C++数据结构"为标题写一篇适合微信平台的网络营销文案
字数：200字以内
广告目标：吸引需要学习数据结构并以C++编写优雅代码的编程学习者
文案风格：专业

【加速学习曲线：用图解方式掌握C++数据结构】

想要在编程领域脱颖而出吗？想要掌握C++数据结构，写出优雅高效的代码吗？那么，我有一本书向您推荐，《图解数据结构 使用C++》。

这本书以图解方式让您轻松理解C++数据结构的核心原理。无论您是初学者还是有一定编程经验，通过它，您能够加速学习曲线，掌握数据结构的精髓。

通过清晰而严谨的描述，您将了解各种数据结构的实现和应用，如链表、栈、队列、树和图。每个章节都配有图示和实例代码，帮助您深入理解和应用数据结构。

不仅如此，本书还注重将理论与实际应用场景结合起来。通过学习这本书，您将能够在实际编程中灵活应用各种数据结构，写出更高效、更优雅的代码。

如果您想加速学习曲线，掌握C++数据结构，那就别犹豫了！点击下方链接，立即获取《图解数据结构 使用C++》。让这本书成为您的编程秘籍，开启编程之路的新篇章！

[购买链接]

图 13-21

13.4.3 撰写头条号网络营销文案

提问：请针对《图解数据结构 使用 C++》一书，以"数据结构与 C++ 的完美融合：图解带你深入探索"为标题写一篇适合头条号媒体平台的网络营销文案。

字数：200 字以内。

广告目标：吸引需要学习数据结构并以 C++ 编写优雅代码的编程学习者。

文案风格：活泼、幽默。

提交后，ChatGPT 回答的结果如图 13-22 所示。

请针对《图解数据结构 使用C++》一书，以"数据结构与C++的完美融合：图解带你深入探索"为标题写一篇适合头条号媒体平台的网络营销文案；

字数：200字以内；

广告目标：吸引需要学习数据结构并以C++编写优雅代码的编程学习者；

文案风格：活泼、幽默。

【数据结构与C++的完美融合：图解带你深入探索】

Hey，编程达人们！想要掌握数据结构，写出令人惊艳的C++代码吗？那么，我有一本超赞的书要向你推荐，《图解数据结构 使用C++》。

这本书简直就是数据结构与C++的完美融合！咱们不仅会用图解方式，还会带你玩转数据结构的奇妙世界。无论你是新手小白还是老鸟高手，通过这本书，你会发现数据结构原来可以如此有趣！

我们不会啰嗦地讲算法理论，而是通过酷炫的图示和实例代码，让你轻松理解和应用各种数据结构，如链表、栈、队列、树，还有那些让人头疼的图。

还有，我们不仅仅关注理论，我们更注重实际应用！通过学习这本书，你将能够在C++编程中灵活应用数据结构，写出更酷炫、更优雅的代码。你的编程技能将得到巨大的提升，想想那些让人赞叹的项目吧！

如果你想与数据结构深度探索，与C++完美融合，那就别犹豫了！点击下方链接，立即获取《图解数据结构 使用C++》。让这本书成为你的编程秘籍，点燃你的编程激情！

[购买链接]

图 13-22

13.4.4 撰写抖音短视频脚本

抖音（TikTok）短视频平台是近年来在数字原生代中相当流行的，已跃升至社交平台的前列。几乎每 3 个人中就有一个人热衷于使用抖音，并连续 4 年蝉联全球 App 下载量排行榜冠军。抖音抓住了年轻人"爱秀成瘾"的"短""快""实时"的移动影音传播趋势，让许多人可以通过手机轻松地拍摄短视频。用户可以录制 15 秒、1 分钟、3 分钟甚至更长的视频，搭配耳熟能详的旋律，并进行创意的延展，将个人的创意和想法表现在视频中，从而吸引全球观众的注意力。

提问：请针对《图解数据结构 使用 C++》一书，以"加速学习曲线：用图解方式掌握 C++ 数据结构"为标题写一篇一分钟的短视频脚本，用于抖音短视频的制作。

要求：必须以栏目方式呈现，且必须有短视频角色的设定。

字数：100 字以内。

提交后，ChatGPT 回答的结果如图 13-23 所示。

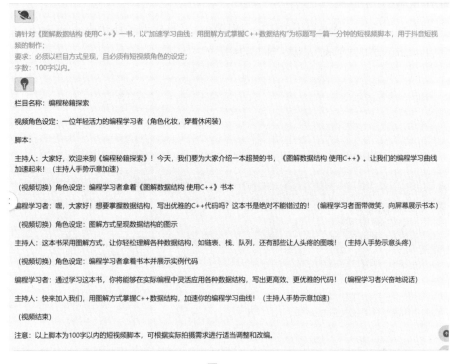

图 13-23

13.5 ChatGPT 在 Word 排版中的应用——变更文件的字体颜色

本节将介绍如何利用 ChatGPT 自动更改 Word 文档中的字体颜色。在处理大量文件或需要统一字体颜色的内容时，手动逐一修改字体颜色可能会非常耗时且容易出错。然而，借助 ChatGPT 可以自动化这个过程，从而节省时间和精力。

接下来，我们将探讨如何使用 Word VBA（Visual Basic for Applications）程序语言结合 ChatGPT 的语言处理功能来批量修改 Word 文档中的字体颜色。

这种自动化的方法将使我们能够轻松地统一和修改大量文件中的字体颜色，确保整

个文档的一致性和视觉效果。无论是对单个文件还是对整个文档库进行字体颜色的更改，
ChatGPT 将成为我们的强大助手。

接下来将详细解释如何实施这种自动化的字体颜色变更方法，以便更高效地处理 Word
文件中的字体颜色。

提问：请用中文生成 Word VBA 代码，将 Word 文件中的字体变成红色。

提交后，ChatGPT 回答的结果如图 13-24 所示。

🪐 请用中文生成Word VBA代码，将Word文件中的字体变成红色字体。

💡 您可以使用以下的Word VBA代码将Word文件中的字体变成红色字体：

复制vba

```vba
Sub ChangeFontColorToRed()
    Dim doc As Document
    Dim rng As Range

    ' 获取当前活动的文档
    Set doc = ActiveDocument

    ' 设置要修改的范围为整个文档
    Set rng = doc.Content

    ' 将范围内的字体颜色设置为红色
    rng.Font.Color = wdColorRed
End Sub
```

将以上代码复制到Word的VBA编辑器中（按下Alt+F11进入VBA编辑器），然后保存并运行
该宏。这会将文档中的所有字体颜色修改为红色。记得在运行宏之前先保存好您的文档。

图 13-24

接着单击图 13-24 中的"复制 vba"按钮，将这段 VBA 程序代码复制下来。然后打开
想要实现这段 VBA 程序代码的 Word 文件，例如笔者使用的名为 test.docx 的 Word 文件（在
本书提供的范例文件夹中）。

打开这个 Word 文件，可以看到该文件的内容，而我们的任务就是通过 ChatGPT 生成
的 VBA 程序代码，将这个 Word 文件的字体转换成红色。目前源文件字体的颜色为黑色，
如图 13-25 所示。

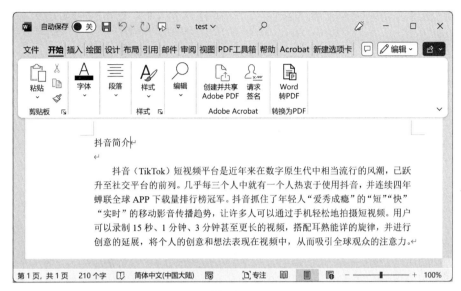

图 13-25

接着按 Alt+F11 快捷键，打开编写 VBA 程序代码的编辑环境，如图 13-26 所示。

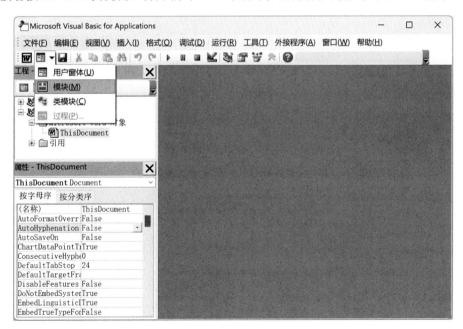

图 13-26

在这个 Word 文件中添加一个 VBA 模块，接着依次选择"编辑"→"粘贴"选项或按

Ctrl+V 快捷键，将刚才复制的 VBA 程序代码粘贴到 VBA 程序代码的编辑器中，如图 13-27 所示。

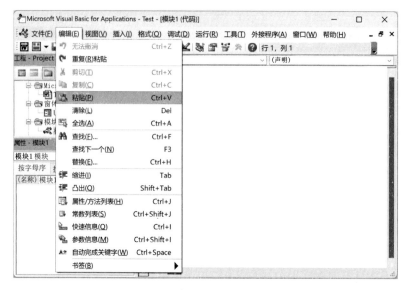

图 13-27

粘贴这段 VBA 程序代码后，界面显示如图 13-28 所示。要执行这段程序，建议先单击"保存"按钮🔲。

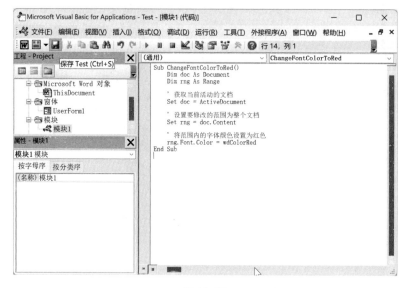

图 13-28

出现如图 13-29 所示的对话框，通知用户 VBA 工程无法保存在未启用宏的文件中，单击"否 (N)"按钮。

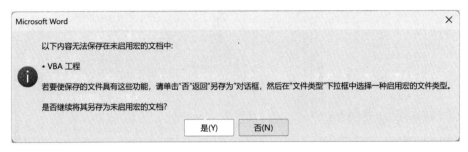

图 13-29

接着将"保存类型"设置成"启用宏的 Word 文档"，并输入文件名，最后单击"保存"按钮，如图 13-30 所示。

图 13-30

之后就可以单击任务栏上的"运行"按钮▶，如图 13-31 所示。

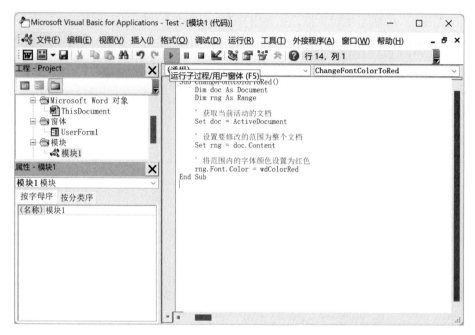

图 13-31

运行完 VBA 宏之后，我们可以在源文件 test.docx 所存储的文件夹中看到多了一个 Microsoft Word 启用宏的文件，在此例中为 test.docm，如图 13-32 所示。

名称	修改日期	类型	大小
test.docm	2023-07-16 16:55	Microsoft Word 启...	22 KB
test.docx	2023-07-15 11:48	Microsoft Word 文档	15 KB

图 13-32

打开 test.docm 文件，我们可以看到该文件中的字体都变成了红色，如图 13-33 所示。如果由于印刷原因无法区分颜色，读者可以直接打开生成后的 test.docm 查看其中的字体是否变更成了红色。

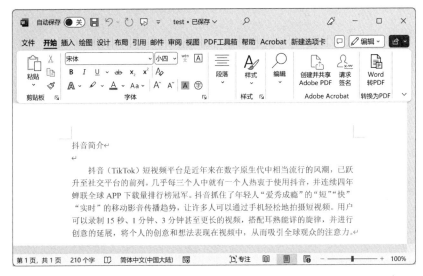

图 13-33

13.6　ChatGPT 在 Word 排版中的应用——变更标题及正文格式

本节将介绍如何利用 ChatGPT 自动更改 Word 文件中的标题和正文格式。在处理大量文件或需要统一格式的内容时，手动逐一调整标题和正文的格式可能非常耗时且容易出错。然而，借助 ChatGPT 可以自动化这个过程，从而节省时间和精力。

接下来探讨如何使用 Word VBA 程序语言结合 ChatGPT 的语言处理功能来批量修改 Word 文件中的标题和正文格式。

这种自动化的方法将使我们能够轻松地统一和修改大量文件中的标题和正文格式，确保整个文档的一致性和专业性。无论是对单个文件还是对整个文档库进行格式变更，ChatGPT 将成为我们的强大助手。接下来将详细介绍如何实施这种自动化的标题和正文格式变更方法。

提问：请用中文帮我编写一段 Word VBA 程序代码，标题的字体为方正小标宋简体，28 号字，文字居中。标题 1 的字体为黑体，20 号字，首行空 2 个字，行距 1.5 倍。正文字体为楷体加粗，16 号字，首行空 2 个字，行距 1.5 倍。

提交后，ChatGPT 回答的结果如图 13-34 所示。

请用中文帮我编写一段Word VBA程序代码，标题的字体为方正小标宋简体，28号字，文字居中。标题 1的字体为黑体，20号字，首行空2个字，行距1.5倍。正文字体为楷体加粗，16号字，首行空2个字=，行距1.5倍。

您可以使用以下的Word VBA代码来设置标题和正文的格式：

复制vba

```vba
Sub FormatDocument()
    Dim doc As Document
    Dim rng As Range

    ' 获取当前活动的文档
    Set doc = ActiveDocument

    ' 设置标题的格式
    Set rng = doc.Styles("标题").Font
    rng.Name = "方正小标宋简体"
    rng.Size = 28
    rng.Bold = False
    rng.ParagraphFormat.Alignment = wdAlignParagraphCenter

    ' 设置标题 1 的格式
    Set rng = doc.Styles("标题 1").Font
    rng.Name = "黑体"
    rng.Size = 20
    rng.Bold = True
    rng.ParagraphFormat.LeftIndent = InchesToPoints(0.5)
    rng.ParagraphFormat.Alignment = wdAlignParagraphLeft
    rng.ParagraphFormat.LineSpacingRule = wdLineSpace1pt5

    ' 设置正文的格式
    Set rng = doc.Styles("正文").Font
    rng.Name = "楷体"
    rng.Size = 16
    rng.Bold = True
    rng.ParagraphFormat.LeftIndent = InchesToPoints(0.5)
    rng.ParagraphFormat.Alignment = wdAlignParagraphLeft
    rng.ParagraphFormat.LineSpacingRule = wdLineSpace1pt5

    ' 更新整个文档中使用标题和正文样式的段落
    doc.Select
    doc.Range.Select
    doc.UpdateStyles
End Sub
```

将以上代码复制到Word的VBA编辑器中（按下Alt+F11进入VBA编辑器），然后保存并运行该宏。这会将文档中的标题和正文格式设置为您所描述的样式。记得在运行宏之前先保存好您的文档。

图 13-34

　　打开要执行上述 VBA 宏的文件，例如我们提供的名为 caption.docx 的 Word 范例文件，它的正文如图 13-35 所示。

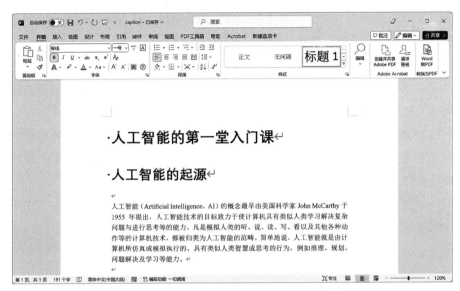

图 13-35

采用与 13.5 节相同的方式，按 Alt+F11 快捷键，打开撰写 VBA 程序代码的编辑环境，接着在这个名为 caption.docx 的 Word 文件中添加一个 VBA 模块，随后通过菜单选项"编辑"→"粘贴"或按 Ctrl+V 快捷键，把 ChatGPT 生成的程序代码（见图 13-34）粘贴到 VBA 程序代码的编辑器中。

VBA 程序代码粘贴之后，要执行这段程序，建议先单击"保存"按钮，将文件保存成 Word 启用宏的文件（.docm）。接着单击"运行"按钮或按 F5 键以运行这段 VBA 程序。如果运行过程中碰到错误，则可单击"调试"按钮进行调试。

由 ChatGPT 生成的 VBA 宏不一定完全正确或符合当前 Word 版本的兼容性，因此在必要时可能需要进行修改或调试。上面 ChatGPT 生成的 VBA 程序代码在笔者的系统中出现了不兼容的情况，需要对程序代码进行进一步修改和调试。由于涉及 VBA 编程的内容并非本书的重点，因此这部分留给感兴趣的读者来完成。

13.7 ChatGPT 在 Word 排版中的应用——处理表格对齐问题

本节将介绍如何使用 ChatGPT 解决 Word 中表格对齐的问题。在处理 Word 文件中的表格时，正确地对齐是保持内容整洁和易读的重要因素之一。然而，手动调整表格对齐可能会很烦琐，尤其是处理大型文件或包含复杂结构的表格时。在这种情况下，借助 ChatGPT 可以自动化这个过程，节省时间和精力。

接下来，我们将介绍如何使用 Word VBA 和 ChatGPT 的能力自动对齐 Word 文件中的表格。我们将探讨如何操作表格的属性，并利用 ChatGPT 提供的语言处理功能来解析和调整表格内容的对齐方式。

通过这种自动化的方法将节省时间和精力，同时确保 Word 文件中的表格以整齐一致的方式呈现。无论是处理简单的表格还是复杂的结构，我们都可以利用 ChatGPT 的强大能力来简化和加快对齐过程。

提问：请帮我编写一个用于 Word 的 VBA 程序代码，让表格中的所有文字在单元格中自动向左对齐。

提交后，ChatGPT 回答的结果如图 13-36 所示。

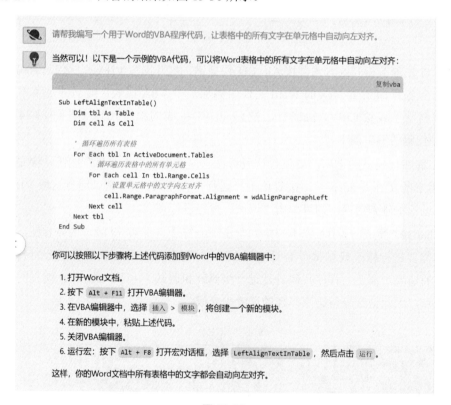

图 13-36

打开要运行 VBA 宏的 Word 文件，例如我们提供的名为 table.docx 的 Word 范例文件，其中的文字在单元格中自动向右对齐，如图 13-37 所示。

abandoned cart	n.	放弃购物车
Accelerated Mobile Pages(AMP)	n.	加速移动网页
accelerometer	n.	加速度计
access	n.	存取
access control	n.	访问控制
access point	n.	存取点
abstract data type	n.	抽象数据类型
abstract syntax	n.	抽象语法
abstraction	n.	抽象化
abstraction layer	n.	抽象层

图 13-37

采用与 13.5 节相同的方式，按 Alt+F11 快捷键，打开撰写 VBA 程序代码的编辑环境，接着在这个名为 table.docx 的 Word 文件中添加一个 VBA 模块，随后通过菜单选项"编辑"→"粘贴"或按 Ctrl+V 快捷键，把 ChatGPT 生成的程序代码（见图 13-36）粘贴到 VBA 程序代码的编辑器中。

VBA 程序代码粘贴之后，要执行这段程序，建议先单击"保存"按钮，将文件保存成 Word 启用宏的文件（.docm），此例为 table.docm。接着单击"运行"按钮或按 F5 键以运行这段 VBA 程序，如图 13-38 所示。

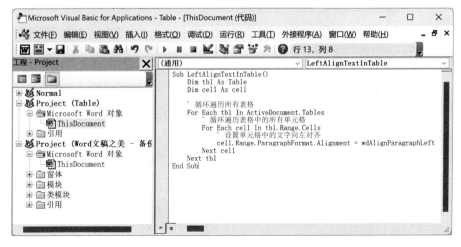

图 13-38

如果可以正常运行，表格中的所有文字在单元格中将自动向左对齐，如图 13-39 所示。

abandoned cart	n.	放弃购物车
Accelerated Mobile Pages(AMP)	n.	加速移动网页
accelerometer	n.	加速度计
access	n.	存取
access control	n.	访问控制
access point	n.	存取点
abstract data type	n.	抽象数据类型
abstract syntax	n.	抽象语法
abstraction	n.	抽象化
abstraction layer	n.	抽象层

图 13-39

13.8　ChatGPT 在 Word 排版中的应用——设定表格的框线及底纹颜色

本节将介绍如何使用 ChatGPT 自动统一设置 Word 表格的框线样式。在处理包含多个表格的文件时，手动逐一调整表格的框线样式可能非常耗时且容易出错。接下来将探讨如何使用 Word VBA 结合 ChatGPT 的语言处理功能批量修改 Word 文件中的表格框线样式。

这种自动化的方法将使我们能够轻松地统一和修改大量文件中的表格框线样式，确保整个文档的一致性和视觉效果。无论是对单个文件还是对整个文档库进行框线样式的设定，ChatGPT 将成为我们的强大助手。

提问：请帮我编写一段用于 Word 的 VBA 代码，让文件中所有表格的外框线设置为红色单线，表格底纹设置为黄色。

提交后，ChatGPT 回答的结果中包含的 VBA 程序代码如下：

```
Sub SetTableBordersAndShading()
    Dim tbl As Table

    ' 循环遍历所有表格
    For Each tbl In ActiveDocument.Tables
        ' 设置表格外框线为红色单线
        tbl.Borders.OutsideColor = wdColorRed
        tbl.Borders.OutsideLineStyle = wdLineStyleSingle

        ' 设置表格底纹为黄色
        tbl.Shading.BackgroundPatternColor = wdColorYellow
    Next tbl
End Sub
```

采用与前面各节相同的方式，按 Alt+F11 快捷键，打开撰写 VBA 程序代码的编辑环境，接着在这个名为 border.docx 的 Word 文件中添加一个 VBA 模块，随后通过菜单选项"编辑"→"粘贴"或按 Ctrl+V 快捷键，把 ChatGPT 生成的程序代码（上面的 SetTableBordersAndShading() 子程序）粘贴到 VBA 程序代码的编辑器中。

将 VBA 程序代码粘贴到文档之后，建议先单击"保存"按钮，将文件保存为一个启用宏的 Word 文件（.docm），本例中为 border.docm。然后单击"运行"按钮或按 F5 键来执行这段 VBA 程序。由于整个过程与前面各节的步骤相似，这里略去了中间执行步骤的截图，读者可以参照前面各节的步骤自行完成。

13.9 ChatGPT 在 Word 排版中的应用——图片及图形对象的处理

在现代文字处理软件中，如 Microsoft Word，排版和图片处理是创建精美文档的关键元素。而 ChatGPT 不仅可以帮助生成内容，还可以处理文档中的图片。

本节将学习如何通过 VBA 程序代码来设置图片的大小、边框、填充颜色，以及文本框的字体颜色和大小等功能。这些技巧不仅可以节省时间和精力，还可以提高文档的视觉吸引力和专业性。

对于报告、书面文件以及其他类型的文书工作，我们将展示结合 ChatGPT 和 Word 来创造令人印象深刻的图文并茂的作品。

13.9.1　设置 Word 文件中所有图片的宽度

提问：请帮我编写一段用于 Word 的 VBA 程序代码，让文件中所有图片的宽度统一设置为 5 厘米。

提交后，ChatGPT 回答的结果中包含的 VBA 程序代码如下：

```
Sub SetImageWidth()
    Dim shp As Shape

    ' 循环遍历所有图片
    For Each shp In ActiveDocument.Shapes
        If shp.Type = msoPicture Then
            ' 设置图片宽度为 5 厘米
            shp.LockAspectRatio = msoFalse
            shp.Width = CentimetersToPoints(5)
        End If
    Next shp
End Sub
```

13.9.2　为 Word 文件中所有图片加上框线

提问：请帮我编写一段用于 Word 的 VBA 程序代码，为文件中所有图片加上红色框线。

提交后，ChatGPT 回答的结果中包含的 VBA 程序代码如下：

```
Sub AddImageBorder()
    Dim shp As Shape

    ' 循环遍历所有图片
    For Each shp In ActiveDocument.Shapes
        If shp.Type = msoPicture Then
            ' 添加红色框线
            With shp.Line
                .Visible = msoTrue
                .ForeColor.RGB = RGB(255, 0, 0) ' 设置红色框线
                .Weight = 1 ' 设置框线宽度
            End With
        End If
    Next shp
End Sub
```

13.9.3　设置图形填充的颜色

提问：请帮我编写一个用于 Word 的 VBA 程序代码，让文件中所有图片填充的颜色为

黄色。

提交后，ChatGPT 回答的结果中包含的 VBA 程序代码如下：

```
Sub SetImageFillColor()
    Dim shp As Shape

    ' 循环遍历所有图片
    For Each shp In ActiveDocument.Shapes
        If shp.Type = msoPicture Then
            ' 设置填充颜色为黄色
            shp.Fill.ForeColor.RGB = RGB(255, 255, 0) ' 设置黄色
        End If
    Next shp
End Sub
```

13.9.4　设置文本框的字体颜色及字体大小

提问：请帮我编写一段用于 Word 的 VBA 程序代码，让文件中所有文本框的字体颜色统一设置为蓝色及字体大小为 16 号。

提交后，ChatGPT 回答的结果中包含的 VBA 程序代码如下：

```
Sub SetTextboxFont()
    Dim shp As Shape

    ' 循环遍历所有文本框
    For Each shp In ActiveDocument.Shapes
        If shp.Type = msoTextBox Then
            ' 设置字体颜色为蓝色
            shp.TextFrame.TextRange.Font.Color = RGB(0, 0, 255) ' 设置蓝色

            ' 设置字体大小为 16 号
            shp.TextFrame.TextRange.Font.Size = 16
        End If
    Next shp
End Sub
```

13.9.5　删除文件中所有文本框

提问：请帮我编写一段用于 Word 的 VBA 程序代码，删除文件中所有文本框。

提交后，ChatGPT 回答的结果中包含的 VBA 程序代码如下：

```
Sub DeleteTextboxes()
    Dim shp As Shape
```

```
    ' 循环遍历所有文本框
For Each shp In ActiveDocument.Shapes
    If shp.Type = msoTextBox Then
        shp.Delete
    End If
Next shp
End Sub
```